例題で学ぶ
環境科学 15 講

理 学 博 士	伊藤 和男
博士（学術）	久野 章仁　共著
博士（理学）	小出 宏樹

コロナ社

ま え が き

　環境科学の重要性は，近年世界的に認識されるようになってきた。しかし，環境科学といってもその範囲は非常に広く，さまざまな分野にまたがっている。本書では，自然科学的な視点で環境科学を捉えているが，一部に環境法規など，自然科学以外の分野も含めている。ここが，本書の一つの特長である。また，地球規模での環境問題を重視していることも，特長の一つである。本書では，図表を多く用いて，できるだけわかりやすくすることを心がけた。また引用するデータ等は，できるかぎり最新のものとした。

　本書の最大の特長は，読者の理解を深め，知識を十分定着させるため，例題を多く用意した点である。一方的に講義を聞くだけでなく，自分の手で問題を解くことにより，理解がより深まることを狙っている。例題には詳細な解答を付け，自学自習の手助けとした。さらに，例題だけでなく，例題と類似した問題も用意した。問題には，解答を付けていないが，学習者のチャレンジを期待したい。なお，確認のため，コロナ社ホームページの書籍詳細ページ（http://www.coronasha.co.jp/np/isbn/9784339066425/）に解答が公開されている。また各講には演習問題を設けた。演習問題は，より手ごたえのある問題を選んだ。大学院の入試問題なども参考に作られている。しっかり取り組んでほしい。なお演習問題にも，詳細な解答を巻末に付してある。

　また本書の特長として，公的資格である，公害防止管理者試験の類似問題を例題等に選んだ。そのため，環境法規関連を重視し，資格試験に対応できるようにした。資格に関心のある読者は，さらに勉強をして，公害防止管理者試験等にも挑んでいただきたい。

　日本では，その地理的状況のため自然災害が多く発生している。近年でも，1995 年の阪神淡路大震災，2000 年の三宅島の大規模噴火，2011 年の東日本大震災等が発生して，環境に非常に大きな影響を与えている。そこで本書では，災害と環境の講を設けて，地震や火山噴火が環境に与える影響について詳しく記述した。これも，本書の大きな特長である。

　本書は，環境科学を専門とする 3 名が分担して執筆した。それぞれの専門を考え，第 1 講 地球環境の危機，第 7 講 放射線と環境，第 8 講 騒音，振動と環境，第 9 講 水質汚濁と環境，第 10 講 水の浄化と水資源，を久野が担当し，第 2 講 地球温暖化，第 12 講 有害有毒物質，第 13 講 内分泌攪乱物質（環境ホルモン），第 14 講 環境保全への取組み，を小出が担当した。そして，第 3 講 オゾン層破壊，第 4 講 酸性雨および硫黄酸化物，窒素酸化物，第 5 講 光化学オキシダントと PM2.5，第 6 講 森林減少と都市緑化，第 11 講 土壌・地下

水汚染，第 15 講 災害と環境，を伊藤が担当した。全 15 講としたのは，大学，高専等での半期の講義時間を考慮して，その教科書としての利用を考えたためである。

　本書でさまざまな環境問題の発生とその解決の歴史を学ぶことは，今後起こる環境問題解決の糸口を見いだすための基礎になるであろう。そして，産業活動を発展させながら地球環境を保全するという難しい課題が，人類の英知で解決されていくことを願いたい。

　本書を執筆するにあたり，すでに刊行されている多くのすぐれた環境科学教科書を参考にさせていただいた。お礼を申し上げたい。また本書の出版にあたり，ご尽力いただいた株式会社コロナ社に厚く感謝申し上げる。

2017 年 10 月

著者代表　伊藤和男

目　　　次

第1講　地球環境の危機

1.1　人　口　増　加 1

1.2　密　度　効　果 2

1.3　化石燃料の使用 3

1.4　地球環境の危機 4

演　習　問　題 6

第2講　地球温暖化

2.1　地球温暖化とは 7

2.2　地球温暖化のメカニズムとその原因 7

2.3　地球温暖化による影響 9

2.4　二酸化炭素の排出量 10

2.5　地球温暖化防止対策 12

演　習　問　題 16

第3講　オゾン層破壊

3.1　オゾン層の概要 17

3.2　オゾン層の破壊物質 18

3.3　オゾン層破壊のメカニズム 19

3.4　紫外線の有害性 20

3.5　モントリオール議定書とオゾン層保護法 21

3.6　ドブソン単位 22

演　習　問　題 23

第4講　酸性雨および硫黄酸化物，窒素酸化物

4.1　酸　　性　　雨 25

　4.1.1　酸性雨の発生機構 26

iv 目 次

4.1.2 酸性雨の状況 ··26

4.1.3 酸性雨の影響 ··29

4.1.4 酸性雨への対応 ··31

4.2 硫 黄 酸 化 物 ···31

4.3 窒 素 酸 化 物 ···33

演 習 問 題 ···35

第5講　光化学オキシダントとPM2.5

5.1 光化学オキシダントとは ··36

5.2 光化学オキシダントの環境影響 ··36

5.3 光化学オキシダントの現状と対策 ··37

5.4 浮遊粒子状物質およびPM2.5とは ··39

5.5 PM2.5の環境影響 ···40

5.6 浮遊粒子状物質およびPM2.5の現状と対策 ····························41

演 習 問 題 ···44

コラム 環境思想家，芭蕉と賢治 ··45

第6講　森林減少と都市緑化

6.1 森林減少の進行 ···46

6.2 森林減少の影響 ···47

6.3 森林減少の原因 ···48

6.4 森林減少対策 ···49

6.5 日本の森林環境 ···50

6.6 森林の世界遺産登録 ··51

6.7 都 市 緑 化 ···52

演 習 問 題 ···55

第7講　放射線と環境

7.1 放 射 線 の 種 類 ···56

7.2 放 射 線 の 性 質 ···57

7.3 放射線の生物への影響 ···59

7.4 放射線のモニタリング ···62

演 習 問 題 ···64

第 8 講　騒音，振動と環境

8.1　騒音と振動の概要 ……………………………………………… 65

8.2　音と振動の性質 …………………………………………………… 65

8.3　音　の　範　囲 …………………………………………………… 67

8.4　騒音と振動の測定 ………………………………………………… 68

演　習　問　題 ……………………………………………………………… 70

第 9 講　水質汚濁と環境

9.1　水質汚濁の歴史的背景 …………………………………………… 71

9.2　水質汚濁の指標と原因物質 ……………………………………… 73

9.3　環境基準と排水基準 ……………………………………………… 75

演　習　問　題 ……………………………………………………………… 77

第 10 講　水の浄化と水資源

10.1　水　の　性　質 ………………………………………………… 78

10.2　世界と日本の水資源 …………………………………………… 79

10.3　水質と生活排水 ………………………………………………… 80

10.4　水　の　浄　化 ………………………………………………… 80

演　習　問　題 ……………………………………………………………… 84

第 11 講　土壌・地下水の汚染

11.1　土　壌　の　分　類 …………………………………………… 85

11.2　植物にとって良好な土壌 ……………………………………… 85

11.3　土壌汚染の現状 ………………………………………………… 86

11.4　農地の土壌汚染 ………………………………………………… 87

11.5　市街地の土壌汚染 ……………………………………………… 87

11.6　土壌汚染対策 …………………………………………………… 88

11.7　地下水汚染の現状 ……………………………………………… 90

11.8　汚染の仕組み …………………………………………………… 91

演　習　問　題 ……………………………………………………………… 93

第 12 講　有害有毒物質

12.1　有害有毒物質と生体 ……………………………………………94

12.2　人に対する毒性の種類 ……………………………………………95

12.3　有害金属の毒性 ……………………………………………96

　　12.3.1　カドミウム（cadmium：Cd） ……………………97

　　12.3.2　水銀（mercury：hg） ……………………97

　　12.3.3　鉛（lead：Pb） ……………………97

　　12.3.4　ヒ素（arsenic：As） ……………………98

　　12.3.5　クロム（chromium：Cr） ……………………98

12.4　有機化学物質の毒性 ……………………………………………98

　　12.4.1　有機リン系農薬 ……………………99

　　12.4.2　有機塩素系農薬 ……………………99

　　12.4.3　ポストハーベスト農薬 ……………………101

12.5　ダイオキシン類 ……………………………………………102

12.6　自　　然　　毒 ……………………………………………104

　　12.6.1　カ　ビ　毒 ……………………104

　　12.6.2　動 物 性 毒 ……………………105

　　12.6.3　植 物 性 毒 ……………………106

12.7　食 中 毒 細 菌 ……………………………………………106

演　習　問　題 ……………………………………………108

第 13 講　内分泌撹乱物質（環境ホルモン）

13.1　野生動物への影響 ……………………………………………109

13.2　人　へ　の　影　響 ……………………………………………110

13.3　内分泌撹乱化学物質の種類 ……………………………………………110

13.4　ホルモンの作用と働き ……………………………………………111

13.5　懸念されている生体への影響 ……………………………………………113

13.6　内分泌撹乱物質に対する国内外の対応 ……………………………………………114

演　習　問　題 ……………………………………………117

第 14 講　環境保全への取組み

14.1　環境行政と対策 ……………………………………………118

14.2　環 境 基 本 法 ……………………………………………118

目 次 vii

14.3　環境アセスメント ··119

14.4　化学物質対策 ··121

　14.4.1　化学物質の審査及び製造等の規制に関する法律（化審法） ············121

　14.4.2　特定化学物質の環境への排出量の把握等及び管理の改善の促進に関する法律
　　　　　（化学物質排出把握管理促進法（化管法）） ····························122

14.5　REACH 規 則 ··122

14.6　環境マネジメントシステム ··122

　14.6.1　ISO14000 シリーズ ··123

　14.6.2　エコアクション 21 ··124

演 習 問 題 ··127

第 15 講　災 害 と 環 境

15.1　地 震 波 と は ··128

15.2　地震発生のメカニズム ··129

15.3　地震の環境への影響 ··131

15.4　火山噴火の頻度と火山分布 ··133

15.5　火山噴火の環境影響 ··134

演 習 問 題 ··137

引用・参考文献 ··138

演習問題解答 ··142

索　　　引 ··146

第1講
地球環境の危機

1.1 人口増加

　十数万年前に人類（ホモ・サピエンス）が誕生してから，人口は徐々に増加してきたと考えられるが，最初の大きな転機となったのが，約8000年前の農耕革命である。それまで，人類は移動しながら狩猟採集生活を送り，世界の人口は約1000万人に達した。しかし，人口の増加により，狩猟採集では食料が不足するようになったため，農耕牧畜が始まった。これは移動生活から定住生活への転換でもあった。

　その後，人口はさらに増え，西暦1750年には約8億人に達したが，今度はエネルギーが不足するようになった。そこで，それまでエネルギー源として用いられてきた樹木に代わって，化石燃料である石炭を使うようになり，**産業革命**につながった。その後も，輸送や医療の分野での技術革新もあり，爆発的に人口が増加するようになった。1950年に25.4億人だった人口は2005年には65.1億人に急増している（**図1.1**）。

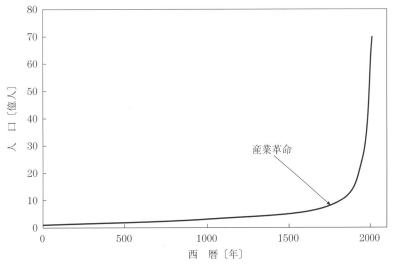

図1.1 世界人口の推移

2　　第1講　地球環境の危機

　人口の増加は地域差が大きく，一般に，先進国では少子高齢化，発展途上国では人口爆発というように対照的である。少子化に悩む先進国にいると実感が湧きにくいかもしれないが，地球全体で見ると，急激な人口増加が続いている。

1.2　密　度　効　果

　急激な人口増加については，1798年にマルサス（T.R. Malthus）による『人口論』で予見されていた。マルサスによれば，人口は幾何級数的（$2 \to 4 \to 8 \to 16 \to \cdots$）に増加するが，食料は算術級数的（$1 \to 2 \to 3 \to 4 \to \cdots$）にしか増加しないので，食料は必ず不足する。ダーウィン（C.R. Darwin）はマルサスの人口論を読んで，進化論の考えに至った。

　幾何級数的な増加は，驚くべき増加につながる。例えば，「新聞紙を26回2つ折りにすると，富士山より高くなる」という話がある。新聞紙の厚みを0.1 mmとすると，26回折り曲げた後には約6710 mとなり，富士山の標高を超える。個体数の増加率が現在の個体数に比例するとき，幾何級数的な増加が生じる。個体数をN，時間をtとすると，適当なスケーリングをすることによって，以下の微分方程式で表される。

$$\frac{dN}{dt} = N \tag{1.1}$$

　この微分方程式を解くと

$$N = A\,e^{t} \tag{1.2}$$

となり，幾何級数的増加が導かれる。しかし，実際には一定の空間内に生活する動物の生息密度が高くなると，生息環境が悪化し，生存できなくなるという「密度効果」がある。つまり，個体数が増加しすぎると増加率が減る効果もあるということになる。これも，適当なスケーリングをすることによって，以下の微分方程式で表される。

$$\frac{dN}{dt} = N(1-N) \tag{1.3}$$

　この微分方程式を解くと

$$N = \frac{1}{1 + A\,e^{-t}} \tag{1.4}$$

となり，個体数は，初期に急激な増加を見せるが，しだいに増加率は減少していくS字型の曲線（シグモイド関数）になる。Aを1とした標準シグモイド関数を**図1.2**に示す。1920年頃，パール（R. Pearl）とリード（L.J. Reed）はハエを牛乳瓶の中で飼育し，実際に個体数の変化が，このような曲線に当てはまることを示した。

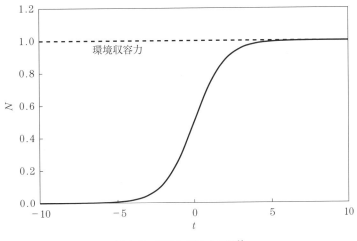

図 1.2 標準シグモイド関数

では,人間の場合でも,人口の増加はシグモイド曲線に当てはまるのであろうか。それはわからない。密度効果により,人口が増えすぎると貧しくなるため,出生率が下がると考えるかもしれない。しかしながら,貧困が人口増加を生み,人口増加が貧困を生むということもある。貧困であるがゆえに,子どもからの収入や労働力に期待して,子どもを多く産む。このようにして人口増加が継続するケースも往々にしてある[1]†。

1972年にローマクラブ(Club of Rome)が発表した『成長の限界』では,コンピュータモデルによるシミュレーションで,人口と産業の成長予測を示し,その結果から,地球が無限であることを前提とした従来の経済のあり方を見直す必要があると述べている。

廃棄物についても,捨てられる場所は無限ではないので問題となる。星新一のショートショートで『おーい でてこーい』という話[2]がある。なんでも無限に捨てられる穴を見つけたという話だが,もちろん,そのような好都合な話はない。話の最後がどうなったかは,ここには書かないので,実際に読んでみてほしい。

1.3 化石燃料の使用

人口増加の転機として,化石燃料の使用は大きな意味を持つ。化石燃料を使用するまでは,エネルギー源として使われていたのは樹木など再生可能なものであった。そのもとになるのは,間断なく地球に降り注ぐ太陽エネルギーである。

太陽エネルギーのうち,地球に到達するエネルギーは,太陽光に対して垂直な面で $1\,\mathrm{cm}^2$ 当り毎分 2 cal である。これを**太陽定数**(solar constant)という。このうち,地表に到達し,

---
† 肩付きの数字は巻末の引用・参考文献を表す。

4   第1講　地球環境の危機

光合成などに利用されるエネルギーは、ごく一部であるが、これらが地球上の生命のエネルギーを支えている。

　一方で、石油、石炭、天然ガスなどの化石燃料は、人類が誕生する遥か以前から、太陽エネルギーを取り入れることによって動植物が長時間かけて蓄積してきたエネルギー源である。

　光合成をする生命が現れたのは約27億年前といわれており、人類が化石燃料を大量に使い始めたのは、せいぜい300年前からなので、時間スケールは大きく異なるが、現在、得られるエネルギーだけでは飽き足らず、過去に蓄積されたエネルギーを使い始めたのは確かである。これは、家計に置き換えれば、通常の収入では足りなくなり、貯金を取り崩し始めたともいえる。

　先に人口爆発について述べたが、それだけではなく、現代人は古代人に比べて、一人当り100倍以上のエネルギーを消費している[3]ことが、問題をより一層、深刻なものにしている。現代は、衣食住を始めとして快適に暮らせるようになっているが、快適さと引き換えにエネルギー資源の消費を伴っていることを忘れてはならない。

　炭素が燃焼して二酸化炭素になる化学平衡式は

$$C + O_2 = CO_2 \tag{1.5}$$

と書くことができ、この反応の自由エネルギー変化が $-394\ \mathrm{kJ\ mol^{-1}}$ である[4]ことから、この反応の平衡定数は 10^{69} と計算できる。したがって、反応は完全に右側、つまり CO_2 側に偏っており、平衡状態であれば単体の炭素と酸素は共存できず、ほぼすべて二酸化炭素になってしまうことになる。

　しかしながら、地球上では単体の炭素と酸素も共存している。これは、反応速度が非常に遅いために非平衡の状態が保たれていることを示している。一方で、地球に最も近い惑星である火星や金星の大気組成は、ほとんどが二酸化炭素で、酸素はゼロに近い。平衡状態に達しているともいえる。

　地球では、生物が光合成により、二酸化炭素から酸素と有機物を作り出しているから、現在の大気になっている。化石燃料の燃焼は、これと逆のことをやってエネルギーを取り出しているわけだから、なんらかのきっかけで、地球でも化学平衡式（1.5）が右側に進み、生命が存在しない火星や金星のようになってしまわないとも限らない。化学的には、酸素よりも二酸化炭素のほうがずっと安定なのである。

1.4　地球環境の危機

　本書では、地球環境をめぐる諸問題を概説している。詳しくは各講にゆだねるが、ここでは、それぞれを簡単に見ていく。物質の状態には、気体、液体、固体があるが、地球環境は

大きく気圏，水圏，地圏に分けられる。これらにまたがって生物圏が存在する。

　気圏についての問題としては，先に出てきたエネルギー問題や二酸化炭素とも関連する地球温暖化（第2講）がある。さらに，さまざまな気体分子が関連するオゾン層破壊（第3講）や硫黄酸化物，窒素酸化物などが関連する酸性雨（第4講）の問題がある。光化学オキシダントと粒子状物質（第5講）も近年，特に都市部などで健康被害をもたらしている。

　気圏についての問題は，気体が拡散しやすいことから，局所的な問題だけでなく，全地球に影響を及ぼすことが多いという特徴がある。したがって，国境を越えて，世界中で足並みを揃えた対策が必要になる。

　一方，生物圏の問題でもありながら，気圏の問題とおおいに関連が深いのが，森林減少と都市緑化（第6講）である。これらは地球温暖化と密接に関係するし，酸性雨により森林が衰退する問題もある。

　水圏についての問題としては，まず，水質汚濁（第9講）の問題がある。その背景として，水の浄化や貴重な水資源（第10講）について学ぶ必要がある。

　地圏についての問題としては，土壌や地下水の汚染（第11講）がある。地下水もあるので，水圏と切り離して考えることはできない。

　さまざまなところに分布し，生物に影響を与える有害有毒物質（第12講）や内分泌撹乱物質（第13講）は重要な問題であり，化学物質に関する知識が欠かせない。このような多種多様な環境問題に対して，環境保全への取組み（第14講）が行われている。

　環境問題は人間活動によるものだけでなく，避けようのない地震などの自然災害（第15講）によるものも含まれる。地震といえば，2011年3月11日に起こった東日本大震災以降，放射線（第7講）は残念ながら身近な問題となってしまった。放射能は減衰していくものの，原子炉から大量の放射性物質が放出された。目に見えないものであるが，放射線についての正確な理解はすべての日本人にとって必須である。これら以外に，騒音と振動（第8講）も公害に含まれ，健康に影響を与える問題である。

　以上のように，多くの環境問題を取り上げている。問題の解決には，まず理解が必要である。孫子の言葉に「敵を知り己を知れば百戦危うからず」とある。地球の未来は若者の手にかかっている。

例題 1.1

　あるところに池があった。その池にはスイレンが咲いていて，その数は毎日2倍になる。もし，このスイレンをそのままにしておくと，30日で池を完全に埋め尽くし，水中の他の生物を窒息死させてしまう。このスイレンが池の半分を覆うのは何日目のことか。

---

6   第 1 講　地球環境の危機

【解答・解説】

29 日目。

幾何級数的成長においては，最初は取るに足らない小さな増加であっても，最終局面では急激に破滅的状況が訪れることがわかる。

例題 1.2

太陽エネルギーのうち，地球に到達するエネルギーは，太陽光に対して垂直な面で $1\,\mathrm{cm}^2$ 当り毎分何 cal か。また，$\mathrm{W\,m}^{-2}$ の単位にするといくらか。熱の仕事当量を $4.2\,\mathrm{J\,cal}^{-1}$ とせよ。

【解答・解説】

2 cal。

$\mathrm{W\,m}^{-2}$ の単位にすると

$$2\,\mathrm{cal\,cm}^{-2} \times 4.2\,\mathrm{J\,cal}^{-1} \times 10^4\,\mathrm{cm}^2\,\mathrm{m}^{-2} \div 60\,\mathrm{s} = 1\,400\,\mathrm{W\,m}^{-2}$$

例題 1.3

反応の標準自由エネルギー変化 $\Delta G°$ は，気体定数 R，絶対温度 T として平衡定数 K と

$$-\Delta G° = R\,T\ln K$$

の関係がある。式 (1.5) の $\Delta G°$ が $-394\,\mathrm{kJ\,mol}^{-1}$ であることから，室温 (25 ℃) での式 (1.5) の平衡定数を求めよ。気体定数は $8.31\,\mathrm{J\,K}^{-1}\,\mathrm{mol}^{-1}$ とせよ。

【解　答】

$$K = \exp\left(-\frac{\Delta G°}{R\,T}\right) = \exp\left(\frac{394 \times 10^3}{8.31 \times 298}\right) = 10^{69}$$

$\boxed{\text{問題 1.1}}^{†}$

生物の個体数変化における「密度効果」について説明せよ。

$\boxed{\text{問題 1.2}}$

現在の地球の大気と火星や金星の大気とでは，組成がどのように異なっているか。

演　習　問　題

【1.1】 生物の個体数変化がシグモイド曲線になることを，微分方程式を用いて説明せよ。

---

† 問題の解答は本書の書籍詳細ページ（http://www.coronasha.co.jp/np/isbn/9784339066425/）にて公開している。

第2講
地 球 温 暖 化

2.1 地球温暖化とは

地球温暖化（global warming）とは，大気中の**温室効果ガス**（greenhouse gases, GHG）の濃度が高くなることにより，地球表面付近の温度が上昇することである。化石燃料の大量燃焼に伴う**二酸化炭素**（CO_2）などが自然の循環を上回るほど大量に排出され，その上，森林伐採などにより CO_2 の自然吸収が低下する中，温室効果ガス濃度が急速に高まっている。

この結果，地球の平均気温の上昇が過去にない急速なスピードで進んでいる。地球温暖化は単に気温の上昇をもたらすだけでなく，水資源，生態系，気象災害，海面上昇，健康や食料供給などのさまざまな分野に影響を及ぼす。

2.2 地球温暖化のメカニズムとその原因

太陽から地球に降り注がれる光（熱）により，地球表面は暖められ，暖められた地表は赤外線を宇宙空間に放出している。このとき，大気に含まれる温室効果ガスは，地表から放出される赤外線の一部を吸収し，熱として大気に蓄積され再び地表に戻される。この繰り返しにより，地表と大気が暖めあう。これが**温室効果**である（**図 2.1**）。

しかし，大気中に温室効果ガスが存在しなければ，地表の平均気温は $-18\,℃$ になる。温室効果ガスが適度に存在することで，地表の平均気温が約 $15\,℃$ と生命体にとって快適な気温に保たれている。

温室効果ガスには**二酸化炭素**（CO_2），**メタン**（CH_4），**一酸化二窒素**（亜酸化窒素：N_2O），**ハロカーボン類**（ハイドロフルオロカーボン類（HFCs），パーフルオロカーボン類（PFCs）など），**六フッ化硫黄**（SF_6），**三フッ化窒素**（NF_3）などがあげられる。また，水蒸気も温室効果ガスに含まれるが，人為的に湿度の制御はできず，他の温室効果ガスの影響を受ける。寄与度については，排出されている温室効果ガスのうち二酸化炭素の排出が全体の排出量の約 95 ％を占めており，次いでメタン，一酸化二窒素，ハロカーボン類の順になっている。

図2.1 地球温暖化のメカニズム
〔出典：環境省　COOL CHOICE[1)]〕

いまから約65万年前から18世紀中ごろまでの大気中のCO₂濃度は，180〜300 ppmの範囲に収まっていた。産業革命前，約250年前のCO₂の平均濃度は280 ppm程度であったが，2015年には398 ppmまで43％増加している。メタンにおいては産業革命前に0.72 ppmであったが，2015年には1.83 ppmと2.5倍以上に上昇している。このように温室効果ガスの濃度上昇に伴い，世界の平均気温も上昇の一途をたどっている（**図2.2**）。

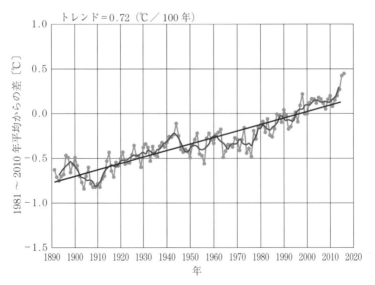

図2.2　地球平均気温の変化
〔出典：世界の年平均気温の偏差の経年変化（1891〜2016年）[2)]〕

気候変動に関する政府間パネル（Intergovernmental Panel on Climate Change, **IPCC**）は，今後，世界が高い経済成長を持続し，大量の化石燃料が消費され続けると，2100 年には温室効果ガス全体の濃度は 1 313 ppm（CO_2 換算；CO_2 のみの濃度は 936 ppm）に増加し，世界平均気温は最大で 4.8 ℃ 上昇する可能性があると予測している（**図 2.3**）。

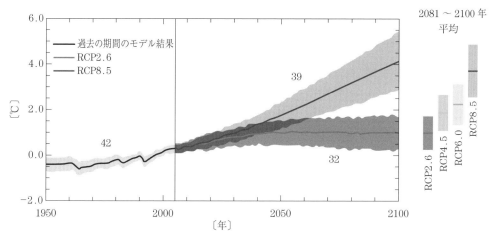

　代表的な温室効果ガスである CO_2 は，大気中に排出されると，森林や海洋などの生態系に吸収されない限り，大気中に残存する。平均気温の上昇は大気中の温室効果ガスの濃度に比例し，大気中に温室効果ガスが累積すればするほど気温が上昇する。RCP とは，代表濃度経路シナリオ（Representative Concentration Pathways）の略号で数字は，地球温暖化を引き起こす効果（放射強制力）を表す。数値が高いほど，温室効果ガス濃度が高く，温暖化を引き起こす効果が高いことを示す。

図 2.3　世界平均地上気温変化予測
〔出典：IPCC 第 5 次評価報告書[3]〕

　温室効果ガス濃度が上昇した原因は，石油，石炭，天然ガスなどの化石燃料の大量消費によるものである。一方，光合成によって CO_2 を吸収・固定化する熱帯雨林などの森林の減少も原因の一つとしてあげられる。

2.3　地球温暖化による影響

　IPCC が 2014 年 11 月までに公表された，**第 5 次評価報告書**における**第 1 作業部会**（自然科学的根拠）によると，① 陸域と海域を合わせた世界平均地上気温は 0.85 ℃（1880～2012 年）上昇。② 海洋表層部（0～700 m）で水温が上昇したことはほぼ確実（1971～2010 年）。3 000 m から海底までの層で温暖化，最も大きな温暖化は南極で観測（1992～2005 年）。③ 海面は，0.19 m（1901～2010 年）上昇。④ 海洋は人為起源の CO_2 の約 30 % を吸収して，海洋酸性化。海氷の pH は工業化以降 0.1 低下。⑤ 過去 20 年にわたり，グリーンランドと南極の氷床は減少，氷河はほぼ世界中で縮小，北極海の海氷も減少などと報告さ

10   第2講 地球温暖化

れている。さらに，将来予測については今世紀末までに世界平均気温は0.3〜4.8℃上昇，海面水位は0.26〜0.82m上昇する可能性が高いとした。またこの結果，陸上での極端な高温の頻度が増加し，熱帯域では極端な，より強い降水が頻繁に起こる可能性が非常に高いと報告している。さらに，二酸化炭素の累積総排出量と世界平均地上気温の応答は比例関係にあるという新たな見解を報告した。これらのことから，地球温暖化は人間活動が主要な要因であった可能性がきわめて高いと結論づけている。

　第2作業部会（影響・適応・脆弱性）は主要な八つのリスクとして気象変動に伴う影響を提起している。①海面上昇による沿岸及び島しょ国の高潮被害など。②洪水による大都市圏への被害のリスク。③極端な気象現象によるインフラなどの機能停止のリスク。④熱波などによる，都市部及び農村域の屋外労働者の生命の危機。⑤干ばつや洪水などの極端現象による食料不足のリスク。⑥半乾燥地域においての水不足による農業生産性低下による農村域の生計損失のリスク。⑦熱帯，北極圏の海洋・沿岸生態系の損失のリスク。⑧陸域及び内水の生態系の機能・サービス損失のリスク。

　さらに，五つの包括的な懸念材料として，①生態系や文化など固有性が高く脅威にさらされるシステム。②熱波や豪雨及び台風などの極端な気象現象。③気象変動による農作物収量や水不足などの地域的な影響。④生物多様性の損失及び世界経済への障害の世界全体で総計した影響。⑤温暖化の進行に伴う氷床損失による海面上昇などの大規模な特異事象を報告している。

　第3作業部会（気候変動の緩和）は気象変動を抑制・緩和するためには，温室効果ガスの抜本的かつ持続的な削減が必要であり，2100年に温室効果ガス濃度を約450ppm以下にすれば，気温上昇を2℃未満に抑える可能性が高くなるが，そのためには，2050年の温室効果ガス排出量は2010年比で40〜70％削減し，さらに2100年にはほぼゼロにする必要があると報告している。

2.4　二酸化炭素の排出量

　1997年の二酸化炭素排出量は232億トンで，その内訳はアメリカ23.6％，中国14.5％，ロシア6.2％，日本5.0％，インド4.4％，ドイツ3.6％，イギリス2.2％，カナダ2.1％などとなっている（**図2.4**）。日本は世界で4位の排出国で，先進国と発展途上国とを比較すると先進国が排出量の50％以上を占めている。これは，先進国が率先して排出規制を行うべきとの根拠になっている。排出量を人口1人当りで見ると，アメリカ，カナダ，ロシア，ドイツ，イギリス，日本の順になる。

2.4 二酸化炭素の排出量　　11

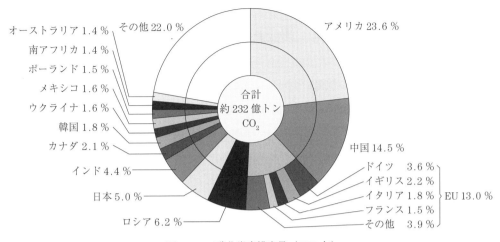

図 2.4　二酸化炭素排出量（1997 年）
〔出典：平成 13 年版 図で見る環境白書[4]〕

　2013 年度の排出量は 322 億トンで，その内訳は中国 28.0 %，アメリカ 15.9 %，インド 5.8 %，ロシア 4.8 %，日本 3.8 %，ドイツ 2.4 %，カナダ 1.7 %，イギリス 1.4 % などとなっている（**図 2.5**）。このように先進国が排出削減を試みているのに対し，中国やインドなど人口が多い発展途上国での排出量がかなり増加しているのがわかる。

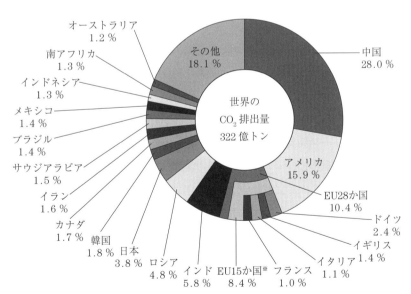

※ EU15 か国は，COP3（京都会議）開催時点での加盟国数である
図 2.5　二酸化炭素排出量（2013 年）
〔出典：平成 28 年版 環境・循環型社会・生物多様性白書[5]〕

2.5 地球温暖化防止対策

二酸化炭素と地球温暖化の関係については19世紀半ばから指摘されていた。大気中の二酸化炭素濃度の増加による地球温暖化が深刻な問題として大きく取り上げられたのが，1985年にオーストラリアのフィラハで開催された地球温暖化に関する初めての世界会議（**フィラハ会議**）である。その後，1988年にカナダで開催された**トロント会議**で，2005年までにCO_2を20％削減という具体的な数値目標が初めて提示された。この年に，国連環境計画（UNEP）と世界気象機関（WMO）によってIPCCが設立され，これまでに5回（第1次評価（1990年），第2次評価（1995年），第3次評価（2001年），第4次評価（2010年），第5次評価（2014年））報告書を発表し世界の政策や世論に大きな影響を与えている。

1992年に国連の下で，大気中の温室効果ガス濃度を安定化させることを目標とする**気候変動に関する国際連合枠組条約**（**国連気候変動枠組条約**：United Nations Framework Convention on Climate Change, UNFCCC）を採択し，地球温暖化対策に世界全体で取り組むことに合意した。この条約に基づき，1995年に気候変動枠組条約締約国会議（Conference of the Parties, COP）が開催され，その後は毎年開催されている。また，3回目の1997年に京都で開催されたCOP3（京都会議）では，わが国が中心となって，先進国に対して拘束力のある削減目標を国ごとに設定した**京都議定書**（Kyoto Protocol）が制定された。京都議定書では，2008〜2012年の5年間に先進国全体で1990年に比べて約5％削減（日本6％，アメリカ7％，EU8％など）をすることを決定し，削減対象となる温暖化ガスを二酸化炭素（CO_2），メタン（CH_4），一酸化二窒素（亜酸化窒素：N_2O），ハイドロフルオロカーボン類（HFCs），パーフルオロカーボン類（PFCs），六フッ化硫黄（SF_6）の6種類を指定した。また，温室効果ガス削減のための取組み方法を定めている。これは，① **共同実施**（joint implementation, **JI**），② **クリーン開発メカニズム**（clean development mechanism, **CDM**），③ **排出量取引**（emission trading, **ET**）の三つから成り立っており，**京都メカニズム**と呼ばれている。しかしながら，アメリカが京都議定書からの離脱を表明したことなどから，発効は採択から8年後の2005年まで遅れた。京都議定書の発効の結果，参加先進国の排出量は削減されたが（日本は6％の削減目標を達成している。），大量に排出しているアメリカが離脱したこと，中国やインドなどの発展途上国は議定書の枠組みに入っていないことなどから，全体的には排出量は増加を続けている。

2015年，フランス・パリで気候変動枠組条約第21回締約国会議（**COP21**）が開催され，気候変動に関する2020年以降の新たな国際的枠組みである**パリ協定**（Paris Agreement）が

採択された。この協定では，世界的な平均気温上昇を産業革命以前と比較して2℃より十分低く抑えるとともに，1.5℃未満に抑えるように努力を行うこと。すべての国は削減目標を5年ごとに提出・更新すること。この場合，以前よりも前向きな目標を示すこと。すべての国が長期間の温室効果ガス低排出発展戦略を策定し，提出すること。各国は適応計画プロセスや行動の実施について報告書を提出し，定期的に更新すること。先進国は途上国に資金支援を行うとともに途上国も自主的に資金を提供することなどが含まれている。

　2013年にポーランドのワルシャワで開催されたCOP19では，すべての国に対して2020年以降の「各国が自主的に決定する約束草案」（Intended Nationally Determined Contributions, **INDC**）を作成し，COP21までに提出するように決定した。これにより，2016年3月に189か国によってINDCが提出された（**表2.1**）。日本は，温暖化ガス排出削減目標を2030年までに2013年度比で26％減を提出している。

表2.1 COP21までに主要国が提出したINDCにおける温室効果ガス排出削減目標の一覧

	目標の内容
スイス	2030年までに△50％（1990年比）
EU	2030年までに少なくとも△40％（1990年比）
ノルウェー	2030年までに少なくとも△40％（1990年比）
アメリカ	2025年に△26～28％（2005年比）。28％削減に向けて最大限取り組む。
ロシア	2030年までに△25～30％（1990年比）が長期目標となり得る。
カナダ	2030年までに△30％（2005年比）
中国	2030年までにGDP当たりCO_2排出量△60～65％（2005年比） 2030年前後にCO_2排出量のピーク
韓国	2030年までに△37％（BAU[注]比）
ニュージーランド	2030年までに△30％（2005年比）
日本	2030年度までに2013年度比△26.0％（2005年度比△25.4％）
オーストラリア	2030年までに△26～28％（2005年比）
ブラジル	2025年に△37％（2005年比）。2030年に△43％（2005年比）
インドネシア	2030年までに△29％（BAU比）
南アフリカ	2020年から2025年にピークを迎え，10年程度横ばいの後，減少に向かう排出経路を辿る。 2025年及び2030年に398～614百万トン（CO_2換算） （参考：2010年排出量は487百万トン（IEA推計））
インド	2030年までにGDP当たり排出量△33～35％（2005年比）

（△は削減を示す。）
注）　BAU：現状の排出傾向を前提とした場合の基準年における予測排出量
〔出典：平成28年度版　環境・循環型社会・生物多様性白書[6]〕

14   第2講 地球温暖化

パリ協定は，京都議定書とは異なり，先進国のみに削減目標を課すのではなく，すべての国が自ら削減目標を決定し，それらを世界に公表し，実施することを義務づけているが，目標の達成を義務づけていない。しかしながら，目標を守らなくてもよいということではなく，各国が削減目標を達成するために行うべき長期的な戦略や，いかに協力し取組みを強めていけるかが課題である。

わが国は，地球温暖化対策として**二国間クレジット**（joint crediting mechanism，**JCM**）を実施しており，モンゴル，バングラデシュ，モルジブ，タイ，エチオピアなど17か国と二国間協定を結んでいる。これは，日本の優れた低炭素技術や製品，サービス，インフラの普及を通じて途上国の低炭素社会の発展に協力する。その結果，日本による温暖化ガス削減・吸収の貢献を評価し，その一部を日本の削減目標達成に活用するというものである。

地球温暖化が原因の一つであるとされる異常気象が世界中で多発する中，世界各国が地球温暖化防止に向けて，一致団結した取組みが急がれる。

例題2.1

地球温暖化メカニズムの説明で，誤っているところはどれか。

太陽から地球に降り注がれる (1) 光により，地球表面は暖められ，暖められた地表は (2) 紫外線を宇宙空間に放出している。このとき，大気に含まれる (3) 温室効果ガスは，地表から放出される (4) 赤外線の一部を吸収し，熱として大気に蓄積され再び地表に戻される。この繰り返しにより，地表と大気が暖めあう，これが (5) 温暖化効果である。

【解答・解説】
(2) 紫外線：赤外線を放出する。
(5) 温暖化効果：温室効果という。

例題2.2

温室効果ガスの排出量上位4種類を排出量の多い順に示しなさい。

【解答・解説】
二酸化炭素（CO_2）＞メタン（CH_4）＞一酸化二窒素（N_2O）＞ハロカーボン類。
ハロカーボン類はハイドロフルオロカーボン類（HFCs），パーフルオロカーボン類（PFCs）などがあり，それ以外にも六フッ化硫黄（SF_6），三フッ化窒素（NF_3）などがあげられる。また，水蒸気も温室効果ガスに含まれるが，人為的に湿度の制御はできず，他の温室効果ガスの影響を受ける。

2.5 地球温暖化防止対策　15

例題 2.3

2013 年度の世界の二酸化炭素排出量は，つぎのうちどれか。

（1）　3 億 2 200 万トン

（2）　32 億 2 000 万トン

（3）　322 億トン

（4）　3 220 億トン

【解答・解説】

（3）　322 億トン

内訳は中国：28.0 ％，アメリカ：15.9 ％，インド：5.8 ％，ロシア：4.8 ％，日本：3.8 ％など
となっている。

問題 2.1

地球温暖化についての記述で誤っているのはどれか。また，誤っている部分を示しなさい。

（1）　地球温暖化への影響が最も大きい原因物質は CO_2 で約 95 ％を占めている。

（2）　産業革命前，約 250 年前の CO_2 の平均濃度は 400 ppm 程度であった。

（3）　1997 年の CO_2 排出量は先進国だけで全体の 50 ％以上を占めている。

（4）　IPCC の第 5 次評価報告書（第 1 次作業部会）は 1901 ～ 2010 年の間に海面が 0.19 m
　　　上昇したと報告している。

問題 2.2

つぎの記述で正しいものには○，誤りには×を付けなさい。

（　）　地球温暖化の原因物質である温室効果ガスの中で濃度が上昇しているのは CO_2 だ
　　　けである。

（　）　もし，大気中に温室効果ガスが存在しなければ，地表の平均気温は－18 ℃になる。

（　）　IPCC の第 5 次評価報告書第 1 作業部会によると世界平均地上気温は 10 年間で
　　　0.85 ℃上昇したと報告している。

（　）　IPCC 第 5 次評価報告書第 3 作業部会では，気象変動を抑制・緩和するためには今
　　　世紀末には温室効果ガスの排出量をゼロにする必要があると報告している。

16   第2講 地球温暖化

演 習 問 題

【2.1】 つぎの文章を読み，下の問に答えなさい。

大気中の二酸化炭素濃度の増加による地球温暖化が深刻な問題として大きく取り上げられたのが，1985 年にオーストラリアで開催された世界会議で，その後，1988 年に開催された（①　　）会議で，2005 年までに CO_2 を（②　　）％削減という具体的な数値目標が初めて提示された。1997 年に京都で開催された国連気候変動枠組条約第 3 回締約国会議 COP3（京都会議）では，わが国が中心となって，先進国に対して拘束力のある削減目標を国ごとに設定した「京都議定書」が制定された。京都議定書では，2008 〜 2012 年の 5 年間に先進国全体で 1990 年に比べて約（③　　）％削減することを決定し，(ⅰ) 削減対象となる温暖化ガスの 6 種類を指定した。また，温室効果ガス削減のための取組み方法を定めている。これは，(ⅱ) (1) 共同実施（JI），(2) クリーン開発メカニズム（CDM），(3) 排出量取引（ET）の三つから成り立っている。

（1） 空欄の①〜③に入る最も適切な語句を下から選び，記号で答えなさい。
　（ア）フィラハ，（イ）パリ，（ウ）トロント，（エ）京都，（オ）ワルシャワ，（カ）5，
　（キ）10，（ク）15，（ケ）20，（コ）25，（サ）30，（シ）40
（2） 下線部（ⅰ）で削減対象になっていないものを下の（ア）〜（エ）の中から一つ選び，記号で答えなさい。
　（ア）二酸化炭素，（イ）一酸化二窒素，（ウ）二酸化窒素，（エ）メタン
（3） 下線部（ⅱ）の三つの取り決めをなんというか。

第3講
オゾン層破壊

3.1 オゾン層の概要

オゾン層とは，地表約10〜50km上空の成層圏に**オゾン**（**O_3**）が多く集まる層のことである。このオゾン層は，太陽光に含まれる有害な紫外線の大部分を吸収して，地球上の生物を守っている（**図3.1**）。

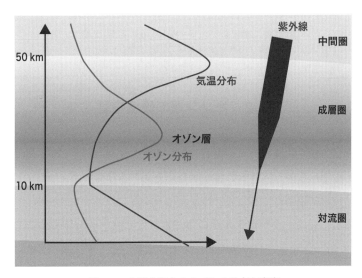

図3.1 地球大気中のオゾンの分布と高度
〔出典：オゾン層とは[1]〕

しかし，人間活動により大気中に放出されたフロンガスなどが，オゾン層を破壊するため，毎年8〜12月頃には，南極上空にオゾン濃度が極端に少ない領域である，オゾンホールが出現する。例えば，2015年に発生した**オゾンホール**は，最大面積が2820万km^2にもなった。この面積は，南極大陸の約2倍の大きさである。

大気中に放出されたフロンガスなどのオゾン層破壊物質は，30〜50年間分解されずに，対流圏内に存在し続ける。そして，対流圏からオゾン層のある成層圏へフロンガスなどが，

少しずつ移動し続けるために，今後数十年にわたって大規模なオゾンホールの生成が続くと考えられる。**図3.2**に，南極のオゾンホールの面積の推移を示す。1979年以降の年最大値の経年変化である。なお，図中の破線は南極大陸の面積を示す。

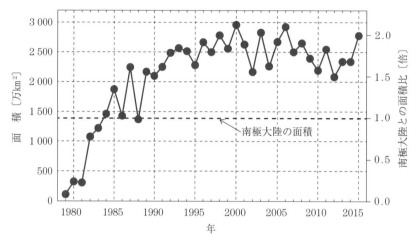

図3.2 南極 オゾンホール面積の年最大値の推移
〔出典：オゾン層のデータ集[2]〕

3.2 オゾン層の破壊物質

　フロンは，オゾン層を破壊する力が最も強い物質として知られている。フロンは，コストが低くて扱いやすく，しかも人体への害が少ないため，冷蔵庫やエアコンの冷媒，スプレーの噴射剤などに長年使用されてきた。**フロン**とは，クロロフルオロカーボン類の略称で，多くの種類が知られている。**クロロフルオロカーボンはCFC**，**ハイドロクロロフルオロカーボンはHCFC**と略記される。その他のオゾン層破壊物質として重要なものは，ハロン，臭化メチル等がある。おもなオゾン層破壊物質の概要を，**表3.1**にまとめた。

　これらの物質が成層圏に達すると，強い紫外線により分解され，塩素原子や臭素原子を放出する。そしてこれらが，成層圏のオゾンを連鎖的に分解するため，オゾン層が破壊される。

　しかし，オゾン層の破壊が知られるようになると，世界的にフロン等のオゾン層破壊物質の生産が規制されるようになった。その後，オゾン層を破壊しない**ハイドロフルオロカーボン**（**HFC**と略記される）等の**代替フロン**が開発され，フロンと置き換わっている。

表 3.1 オゾン層破壊物質の概要〔文献 3）をもとに作成〕

名称	オゾン層破壊係数[†]	地球温暖化係数[††]	おもな用途	生産規制
CFC（クロロフルオロカーボン）	0.6〜1.0	4 000〜9 300	電気冷蔵庫 カーエアコン 業務用冷凍機 ウレタン発泡剤 部品の洗浄剤	1996.1.1 以降　全廃
ハロン	3.0〜10.0	5 600	消化剤	1994.1.1 以降全廃
炭素	1.1	1 400	一般溶剤 研究開発用	1996.1.1 以降全廃
1,1,1−トリクロロエタン	0.1	110	部品の洗浄剤	1996.1.1 以降全廃
HCFC（ハイドロクロロフルオロカーボン）	0.01〜0.552	93〜2 000	ルームエアコン 業務用冷凍機 発泡剤	1989 年の消費量規準 1996.1.1 以降　100 %以下 2004.1.1 以降　65 %以下 2010.1.1 以降　30 %以下 2015.1.1 以降　10 %以下 2020.1.1 以降　0 %以下
臭化メチル	0.6	―	土壌殺菌 殺虫剤	1991 年の消費量規準 1995.1.1 以降　100 %以下 1999.1.1 以降　75 %以下 2001.1.1 以降　50 %以下 2003.1.1 以降　30 %以下 2005.1.1 以降　0 %以下

3.3　オゾン層破壊のメカニズム

　成層圏では，フロン等が強い紫外線により分解して，塩素原子，Cl を放出する。

　例えば，CCl_3F では

$$CCl_3F \ + \ 紫外線(h\nu) \ \rightarrow \ CCl_2F \ + \ 塩素(Cl)$$

そして，その塩素が成層圏のオゾンと反応する。

$$塩素(Cl) \ + \ オゾン(O_3) \ \rightarrow \ 一酸化塩素(ClO) \ + \ 酸素分子(O_2)$$

続いて，生成した一酸化塩素（ClO）がオゾンと反応する。

$$一酸化塩素(ClO) \ + \ オゾン(O_3) \ \rightarrow \ 塩素(Cl) \ + \ 2 個の酸素分子(2O_2)$$

ここで生成した塩素が，オゾンと再び反応する。このように，オゾンの分解反応は連鎖的に進行する。この反応の説明図を図 3.3 に示す。

[†]　　CFC11 を 1.0 とした場合の相対値として表す係数。
[††]　二酸化炭素を 1 とした場合の相対値として表す係数。

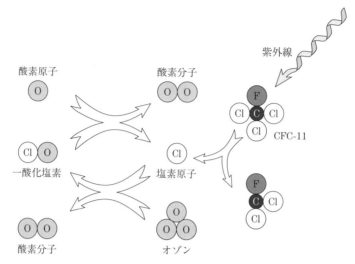

図 3.3 オゾンの分解反応
〔出典：フロンによるオゾン層の破壊[4]〕

3.4 紫外線の有害性

UNEP（国連環境計画）の報告によれば，「オゾン層破壊が10％進むと皮膚ガンは26％増加する」とされている。さらに，皮膚ガン患者が毎年200～300万人，白内障患者が毎年320万人発生するという報告もある。植物の生育が阻害され，プランクトンも減少するため，食糧危機が世界規模で起こるという指摘もある。

紫外線は，波長によって「UV-A」（波長315～400 nm），「UV-B」（波長280～315 nm），「UV-C」（波長100～280 nm）の三つに分類される。UV-Aは，肌の表皮から真皮にまで到達して，しわ・たるみなど老化の原因となる。UV-Aは，雲もガラスも通過する。UV-Bは，表皮のDNAや細胞膜を破壊し，表皮に炎症や火傷を起こす。また，メラニン色素を増加させて日焼けの原因となる。UV-Bは，地上に届く紫外線総量の10％以下であるが，UV-Aに比べて人体に与える影響は圧倒的に大きく，有害性はUV-Aの600～1 000倍といわれている。UV-Cは，UV-B波より有害な紫外線であるがオゾン層によって吸収され，地上に届くことがない。しかし，オゾン層の破壊が激しくなると，十分に吸収されない可能性も考えられる。

なお，日焼け防止クリームなどの紫外線防止効果の目安として，SPFとPA分類が使われている。

SPF（sun protection factor）
　　紫外線防止用化粧品に表示されている紫外線のカット効果を示す指標の一つ。

SPF の数値は，太陽光中の UV-B（中波長域紫外線，280 ～ 315 nm）によって皮膚に紅斑ができるまでの時間を何倍にのばせるかを示したものである。SPF の表示には上限があり，例えば，SPF 測定結果が統計的に 50 以上の紫外線防止用化粧品では，SPF 50＋と表示される。数値が大きいほど，紫外線カット効果が大きいことになる。

ただし，これらはあくまで実験室内の一定条件下で測定したものであり，実際に使用した場合には，その他の影響も受けるため，SPF は目安として利用される。

PA（protection grade of UV-A）

紫外線防止効果を示す指標の中で，UV-A（長波長域紫外線，315 ～ 400 nm）防止効果の程度を表す指標である。SPF のように数値でその効果を表すのではなくて，三つの分類

PA＋（UV-A 防止効果がある）

PA＋＋（UV-A 防止効果がかなりある）

PA＋＋＋（UV-A 防止効果が非常にある）

で表示されている。

3.5　モントリオール議定書とオゾン層保護法

オゾン層を保護するための国際的な取り決めとして，「オゾン層を破壊する物質に関するモントリオール議定書」が，1987 年にカナダのモントリオールで開かれた国際会議で採択された。この**モントリオール議定書**では，先進国においては，オゾン層を破壊する力が最も強い**特定フロン（CFC）**が 1995 年末で全廃，そして破壊力の弱い**代替フロン，ハイドロクロロフルオロカーボン（HCFC）**も 2020 年までに全廃することが決まった。ただし，途上国には，猶予期間が与えられ，CFC は 2010 年までに全廃，HCFC も 2030 年までに全廃することとなった。また，もう一つの**代替フロン，ハイドロフルオロカーボン（HFC）**についても，2016 年のモントリオール議定書第 28 回締約国会議で，先進国は 2036 年までに 85 ％削減することになった。同様に，途上国には，猶予期間が与えられた。

今後，大きな課題として残ったのが，過去に生産されたオゾン破壊物質の回収・分解である。日本では，すでに 1987 年の「オゾン層を破壊する物質に関するモントリオール議定書」に加入し，1988 年には，オゾン層破壊物質の生産規制や排出抑制を規定する，先駆的な「オゾン層保護法」を制定した。また，フロン類の大気中への放出を防ぐため，「フロン排出抑制法」，「家電リサイクル法」および「自動車リサイクル法」により，フロン類の回収や適正な処理が義務づけられている。さらに，「フロン排出抑制法」では，製品使用時のフロン類の漏洩防止対策が義務づけられている。

22   第3講　オゾン層破壊

3.6　ドブソン単位

　大気中に広がっているオゾンの全量を表わす単位である。地表から大気圏上限までの大気の柱に含まれるオゾンを，すべて標準状態（1気圧，0℃）の地表に集めたと仮定したときの厚さが1mmになった場合に，100 **ドブソン単位**（記号：DU）と定義している。例えば，200 DU のオゾンであれば，0℃の地表に集めたとき厚さ2mmの層ができることになる。220 DU を下回るとオゾンホールが発生すると考えられている。これは，南極大陸上空の観測記録から1979年まで220 DU を下回る値は観測されなかったためである。

　この名称は，地表からオゾンの総量を測定する装置（ドブソン分光光度計）を初めて開発した英国の研究者，ゴードン・ドブソン（Gordon Dobson）に由来している。

例題3.1

　成層圏オゾンの破壊についての以下の文章で，下線を付した箇所のうち，誤っているものを示せ。

　成層圏で，強い紫外線により（1）クロロフルオロカーボン，（2）ハイドロクロロフルオロカーボン，（3）ハロンなどが分解される。そして，（4）塩素原子や，（5）ヨウ素原子が放出されてオゾンを連鎖的に分解する。

（公害防止管理者試験，大気関係，類題）

【解答・解説】
（5）　ヨウ素原子
ハロンは，臭素の化合物で，分解されると臭素原子が放出される。

例題3.2

　オゾン全量が1.00 DU を示したとき，オゾン分子は単位断面積（1 m^2）当り，何個存在することになるか計算せよ。

【解　答】
100 DU で，1mm だから，1.00 DU では 1×10^{-2} mm となり，1×10^{-3} cm になる。
そこで，オゾンの体積は
$$100 \text{ cm} \times 100 \text{ cm} \times 1 \times 10^{-3} \text{ cm} = 10 \text{ cm}^3 = 1 \times 10^{-2} \text{ L}$$
よって，物質量は
$$1 \times 10^{-2} \text{ L}/22.4 \text{ L} = 4.46 \times 10^{-4} \text{ mol}$$

したがって，分子数は

$$4.46 \times 10^{-4}\,\mathrm{mol} \times 6.02 \times 10^{23} = 2.68 \times 10^{20}\ 個$$

問題 3.1

以下の成層圏オゾンについての説明として，誤っているものを示せ。

（1）成層圏のオゾンは二酸化塩素と反応して，酸素分子になる。

（2）成層圏の酸素分子は紫外線を吸収して酸素原子に解離し，オゾンを形成する。

（3）成層圏のオゾンは 320 nm 以下の紫外線を吸収すると，分解して酸素分子になる。

（4）成層圏のオゾンは塩素原子などにより連鎖的に分解される。

（公害防止管理者試験，大気関係，類題）

演　習　問　題

【3.1】 下の文章を読み，以下の問に答えよ。

　オゾン層は，(i) 地上の生命にとって有害な太陽紫外線を吸収する働きをしている。しかし人間は，産業活動を通じてオゾン層を破壊する化学物質を生産してきた。中でもフロン（クロロフルオロカーボン）類は，無毒，不燃性の気体で，化学的にもきわめて安定であるため，1920 ～ 1930 年代に開発されて以来，(ii) 様々な用途に使われてきたが，オゾン層のある高さまで輸送されると，太陽紫外線により分解し，オゾン層を破壊する化学反応を効率よく起こしてしまうことが，1970 年代に指摘された。さらに，フロン類によるオゾン層破壊が，1980 年代初頭に（ⓐ　　　　　）で見つかったオゾンホールにも関与していることが示唆された。このようにオゾン層破壊のおそれがあるフロン類の排出を規制することを目的として，1985 年にオーストリアのウィーンで，オゾン層保護のための条約が締結された。そして，1987 年にカナダの（ⓑ　　　　　）において，オゾン層を破壊する物質に関する議定書が採択され，5 種類のフロン類の生産に対して規制がなされた。フロン類の規制に伴って，オゾン層を破壊しない物質が代替品として使用されるようになった。

（1）空欄ⓐ，ⓑに入る最も適切な語句を以下の（ア）～（ケ）の中から一つずつ選び，記号で答えよ。

　　（ア）トロント，（イ）ヘルシンキ，（ウ）南極，（エ）北極，（オ）オタワ，（カ）プラハ，
　　（キ）モントリオール，（ク）東太平洋，（ケ）北大西洋

（2）下線部（i）でオゾン層が吸収している太陽紫外線が地表まで到達したときに，懸

24   第3講 オゾン層破壊

念される人体への影響として適切でないものを以下の（ア）〜（エ）の中から一つ選び，記号で答えよ。

（ア）白内障，（イ）ぜんそく，（ウ）皮膚がん，（エ）免疫力の低下

（3） 下線部（ii）のフロンの用途として代表的なものを二つ答えよ。

（北海道大学大学院環境科学院入試問題　平成22年度より）

第4講
酸性雨および硫黄酸化物，窒素酸化物

二酸化炭素やフロンなどの大気汚染物質による，地球環境への影響について述べたが，ここでは，化石燃料の燃焼により発生する，硫黄酸化物，窒息酸化物の影響について説明する。

4.1 酸　性　雨

硫酸イオンや硝酸イオンの酸性粒子やガスを取り込んで，pH が低くなった雨のことを**酸性雨**という。さらに広い定義では，雨以外に，霧（**酸性霧**）や雪（**酸性雪**）等も含めた湿性の沈着物，およびガスや微小粒子の乾性の沈着物も含まれる。硫酸イオンや硝酸イオンの酸性粒子やガスは，工場や火力発電所（固定発生源という）および自動車や飛行機（移動発生源という）から排出された硫黄酸化物（SO_2）や窒素酸化物（NO_2 等）が大気中を移流，拡散する間に，太陽光や炭化水素，酸素，水分などの働きで酸化されて，生成される。

ただし，酸性雨は pH7 未満の酸性の雨のことではない。雨には，空気中に存在する二酸化炭素が溶け込むため，少量の炭酸が含まれる。自然の雨はだいたい pH5.6 程度の弱酸性となる。したがって酸性雨は，pH5.6 以下の雨と定義されている。pH5.6 という値は，以下の反応により説明される。

二酸化炭素は，酸性の状態では，雨中で以下のように溶解して平衡状態になる（炭酸となる）。

$$H_2O + CO_2 \Leftrightarrow H_2CO_3 \tag{4.1}$$

$$H_2CO_3 \Leftrightarrow HCO_3^- + H^+ \tag{4.2}$$

式（4.1）と式（4.2）より

$$CO_2 + H_2O \Leftrightarrow H^+ + HCO_3^- \tag{4.3}$$

この反応の平衡定数はつぎのようになる。

$$K = \frac{[H^+][HCO_3^-]}{[CO_2]} = 10^{-7.81} \tag{4.4}$$

ここで，大気中の二酸化炭素濃度，$[CO_2] = 3.50 \times 10^{-4}$ atm なので，式（4.4）から

26　　第 4 講　酸性雨および硫黄酸化物，窒素酸化物

$$[H^+][HCO_3^-] = 10^{-11.27}$$

$$[H^+]^2 = 10^{-11.27}$$

$$[H^+] = 10^{-5.64}$$

したがって，pH = 5.64 となる。

最も酸性の強い酸性雨は，pH3.0 程度であり，食用酢の pH 値とほぼ同程度の値である。

4.1.1　酸性雨の発生機構

化石燃料である石油や石炭などには，硫黄が含まれており，その硫黄が燃やされると，二酸化硫黄（亜硫酸ガス）が発生する。二酸化硫黄は空気中で酸化されて三酸化硫黄（硫酸ガス）となり，大気中の水と反応して微小な硫酸の粒子となる。これが雨滴に取り込まれると，酸性の強い雨となる。

また，化石燃料に含まれる窒素化合物が燃焼すると，一酸化窒素および二酸化窒素となる。さらに，高温の燃焼ガス中では，空気中の窒素と酸素が反応して，一酸化窒素や二酸化窒素が発生する。これらの窒素酸化物は空気中で酸化され，硝酸ガスとなり，雨滴に取り込まれる。少量だが廃棄物焼却場から排出される塩化水素（塩酸）も，雨を酸化させる。酸化反応は以下のように単純化して示される。

$$SO_2 + OH \rightarrow HSO_3 + H_2O \rightarrow H_2SO_4$$

$$NO_2 + OH \rightarrow HNO_3$$

4.1.2　酸性雨の状況

酸性雨は 1970 年代以来，大きな環境問題として認識されてきた。今日では，ヨーロッパをはじめ北アメリカ，中国，東南アジアなど先進工業国を中心に世界的な規模で発生しており，国際的な問題となっている。

酸性雨が地球環境問題といわれるのは，酸性雨の原因物質が大気の流れに乗り，非常に長い距離を移動するからである。ヨーロッパや北アメリカなどの国々は，他の国と国境を接しているため，他国で発生した汚染物質による酸性雨の被害を受けることがあるが，逆に他国に被害を与える可能性もある。日本では脱硫装置の普及などの対策が進み，硫黄酸化物の発生量はかなり低いレベルになっているが，近隣の国々では，硫黄酸化物を多く発生させる石炭を大量に消費している上，脱硫装置も十分ではないため，大量の硫黄酸化物を排出している。現在日本で降っている酸性雨の原因物質として，隣国から移流してくる硫黄酸化物の寄与がかなりあると考えられている。越境汚染の寄与率は，シミュレーションモデルの計算によれば，年間で非海塩性硫酸イオン（人工起源の硫酸イオン）が約 30 ～ 65 ％，硝酸イオンが約 35 ～ 60 ％と推計されている（環境省[1]）。

〔1〕 日本の状況

1983年から1987年に旧環境庁が行った全国調査では，ほぼ全国で酸性雨が観測された。それ以降の全国調査でも，酸性雨が観測され続けている。日本では，酸性雨が30年以上続いており，いまだ改善が見られていないのが現状である。**図4.1**は，環境省による，全国観測点の2000年から2014年までの酸性雨の調査結果である。すべての地点で酸性雨が観測され，ほとんどの地点でpHが5未満である。pH5を超えているのは，本州から遠く離れた島および標高の高い山岳地点のみである。降水中の成分の特徴は，海水由来のナトリウムと塩化物イオンが多い点である。海に囲まれた，地形的特徴がその原因である。

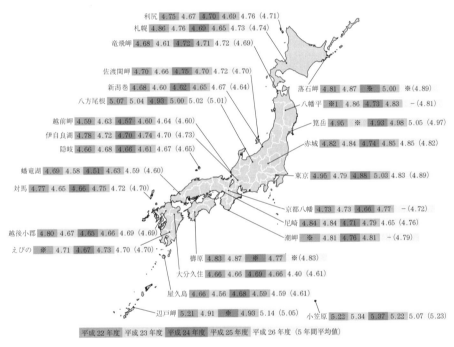

－：測定せず
※：当該年平均値が有効判定基準に適合せず，棄却された
注：平均値は降水量加重平均により求めた

図4.1 国内の降水のpH分布図（平成22～26年度）
〔出典：平成28年版　環境・循環型社会・生物多様性白書[2]〕

〔2〕 アジアの状況

中国は，世界第2位の経済大国であり，硫黄酸化物の排出量もアメリカに次いで第2位である。とくに中国では，硫黄分の多い石炭を多く使っているため，より硫黄酸化物の排出量が多い。また日本に比べると，環境対策も十分ではなく，大気汚染物質の放出が多くなっているのが現状である。しかし近年，環境対策の進展で，年々増加してきた硫黄酸化物の排出

量が減少傾向を示しているとの報告もある。**図4.2**は，東アジア諸国の降水中のpHを示している。中国では，内陸部や南部の地点で，pH5未満の酸性雨が観測されている。また北部のpHが高いのは，土壌に含まれるカルシウムが溶解しているからである。地理的な関係で，中国の汚染物質は偏西風により日本に移流されて，影響を与えている状況がある。

韓国においても，一部地点で酸性雨が観測されている。また，マレーシア，インドネシアでも，酸性雨が観測されている。

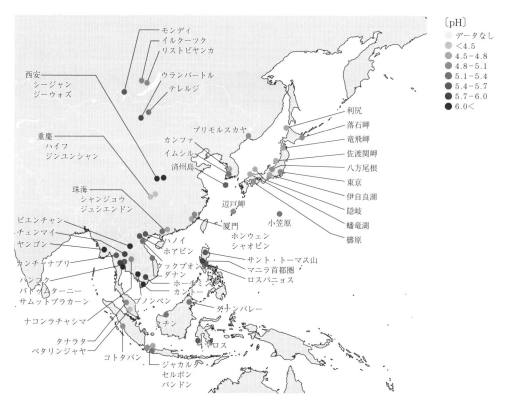

測定方法については，EANETにおいて実技マニュアルとして定められている方法による。なお，精度保証・精度管理は実施している。

図4.2 EANET地域の降水中のpH（2011〜2014年の平均値）
〔出典：平成28年版　環境・循環型社会・生物多様性白書[3]〕

〔3〕 ヨーロッパ，北アメリカの状況

ヨーロッパでは，1984年より，31カ国が参加して，ヨーロッパモニタリング評価プログラム（EMEP）により，酸性雨の共同観測が続けられている。その結果，多くの国で，酸性雨が観測されている。とくにpHが低いのは，旧東ドイツ地域，ポーランド周辺，スカンジナビア半島南部，イギリス東部である。1988年での最低pHは4.1であった。しかし近年では，環境対策の進展により改善傾向が続いている。

北アメリカでは，アメリカの国家大気降下物測定プログラム（NADP）およびカナダの大気，降水モニタリングネットワーク（CAPMoN）による，観測が報告されている。アメリカ北東部およびアメリカとの国境沿いのカナダ東部で，酸性雨が観測されている。例えば1985年のデータでは，最も酸性が強いところで，pH4.2 が観測された。近年では環境対策の進展により，改善傾向が続いている。

4.1.3 酸性雨の影響
〔1〕 湖沼への影響

ヨーロッパおよび北アメリカでは，酸性雨の影響がまず湖沼の酸性化として現れた。ノルウェーでは，SNSF プロジェクトが1972 ～ 1980 年に行われ，魚類への酸性雨の影響が大規模に調査された。その結果，ノルウェー最南部の湖沼では，1940 年に 2 500 匹以上確認されたマスが，1975 年には半分になっていた。また，1986 年の調査では，ノルウェーの1 005 の湖沼のうち，約 40 ％が pH5.0 未満となっていた。スウェーデンでは，85 000 の湖沼のうち 21 500 の湖沼に酸性雨の影響が現れており，そのうち 9 000 の湖沼で魚類が死滅しているという調査結果がある。カナダでも，4 000 の湖沼が酸性化しているという調査結果がある。またアメリカでは，ニューヨーク州アジロンダック山を中心とする約220 の湖沼で酸性化が確認されている。

湖沼に生息している魚類などには，生息可能な湖沼 pH の範囲がある。図 4.3 に示したように，pH が 6.0 以下になると，一部の生物が生息困難になり，pH が 5.0 以下になると，ほとんどの生物が生息不可能となってしまう。湖沼の pH が低下すると，湖底からアルミニウムが溶け出し，このアルミニウムが魚類などの悪い影響を与えるといわれている。また日本にも，酸性雨の影響を受けやすいと考えられる湖沼があることがわかっている。

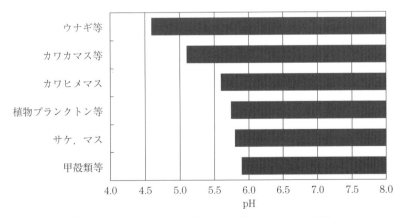

図 4.3　水生生物の生息可能 pH〔文献 4）をもとに作成〕

30   第4講　酸性雨および硫黄酸化物，窒素酸化物

ヨーロッパ等では，酸性化した湖沼を回復させるため，ライミングと呼ばれる中和処理が行われ，効果が現れている。

〔2〕 森林への影響

1970年代，ヨーロッパモミやドイツトウヒに原因不明の衰退現象が，旧西ドイツで現れた。さらに中央ヨーロッパでも，いろいろな樹種に原因不明の衰退現象が見られるようになった。衰退の原因として，色々な説が提案されている。有力なのは，酸性雨や硫黄酸化物などの大気汚染により樹木が衰退し，抵抗力が弱くなったところに，病虫害が発生したという考えである。ただし，激しく枯損が広がり注目されたドイツの黒い森では，その枯損原因として，大規模な干ばつと土壌中のマグネシウム不足が指摘されている。

わが国においても，環境省の調査結果ではほぼ全国で欧米並みの酸性雨が観測されている（図4.1）。森林への影響については，一部地域で兆候が疑われているが（関東平野のスギ，京都のスギ，ヒノキ等），いまだに顕在化はしていない。しかし，今後，影響が顕在化することが懸念される。

〔3〕 建造物，文化財への影響

大理石でつくられた歴史的建造物が，酸性雨の影響を受けている。例えば，ドイツのケルン大聖堂，ロンドンのウェストミンスター寺院，アテネのパルテノン神殿など，多くに歴史的な建物に被害が現れている。大理石は，化学的には炭酸カルシウムであるが，酸性雨に曝されると化学反応を起こし，石膏に変わってしまう。一部が石膏になると，建物にひずみができ，壊れやすくなるのである。また，野外におかれている銅像にも，影響を与える。酸性雨の影響で，表面に錆（塩基性硫酸銅）が発生してしまう。

〔4〕 土壌への影響

土壌は，降雨や植物の落葉，落枝等により酸性化がゆっくり進んでいく。降水により，土壌中のカルシウム，マグネシウムなどの塩基成分が徐々に溶出して，酸性化していく。また，降水中のアンモニウムイオンが，土壌中の硝酸化成菌の作用で硝酸に変わり，酸性化する。さらに，植物の落葉，落枝が，微生物により分解されて，有機酸が生成され酸性化する。このとき，降水が強く酸性化すると，土壌中のカルシウム，マグネシウムなどの塩基成分の溶出が加速される。また，酸性雨に多く含まれる酸性成分が，土壌溶液の酸性度を強める。しかし，土壌には，酸性物質が負荷された場合に，それを中和する働きがある。そのため急激な酸性化が抑制されている。この作用を土壌の緩衝能という。緩衝能は土壌の種類によって異なっている。

しかし，強い酸性雨が長期間続くと，緩衝能が限界になり，土壌が強く酸性化される。土壌が強く酸性化されると，植物の生育に悪影響を与えることが知られている。酸性化すると，土壌中の植物にとって有害なアルミニウムが溶出してくる。また，植物の成長に必要な栄養

塩である，カルシウム，マグネシウム，カリウムなどが大量に溶出してしまう。さらに，有益な微生物の働きが抑制される。土壌が強く酸性化すると，種々の樹木の成長量が減少することが明らかになっている。ヨーロッパでは，すでに土壌の酸性化が進んでいる地域が見いだされている。日本でも，土壌の酸性化が加速されていると考えられる地点が存在している。

4.1.4 酸性雨への対応

酸性雨対策は，原因物質である，硫黄酸化物と窒素酸化物の放出を減少させることである。しかし，原因物質は国境を越えて広域化するため，国内だけでなく，国際的な取組みが重要である。

ヨーロッパおよび北アメリカでは，国際的取り決めとして，原因物質である，SO_2 と NO_2 の削減目標値が定められた。1985 年に締結された**ヘルシンキ議定書**では，SO_2 の削減値が決定した。1988 年には，NOx に関して，**ソフィア議定書**が締結された。

日本でも，国内で発生するものだけでなく，大陸で発生した汚染物質が日本海を越えて移流するため，酸性雨の問題は，国内問題と同時に，国際的な対応が必要な問題となっている。そこで，酸性雨問題に関するアジア地域の協力体制を確立するため，2001 年 1 月から東アジア酸性雨モニタリングネットワーク（**EANET**）が設立され，共同観測が続けられている。

4.2 硫 黄 酸 化 物

二酸化硫黄（SO_2）と三酸化硫黄（SO_3）を総称して硫黄酸化物（SOx）という。大気中では，大部分が SO_2 として存在している。酸性雨やぜん息被害の原因物質である。SOx は化石燃料に含まれる硫黄分の燃焼（工場，発電所）などで，人為的に発生する。また，火山活動や生物活動でも発生している。発生施設では，ボイラー（約 70 %），ディーゼル機関，焙焼炉の順で多い。

〔1〕 人への健康影響と植物影響

SO_2 は，ぜん息発作回数の増加，呼吸器疾患の増加などを引き起こすことが知られている。歴史的な人体被害には，ベルギーの**ミューズ事件**（気温逆転が起こり，工場から排出された SO_2 など濃度が増大して，60 人が死亡した），アメリカの**ドノラ事件**（気温逆転が起こり，工場から排出された SO_2 など濃度が増大して，14 000 人の住民の半数に急性呼吸器症状が現れ，17 人が死亡した），イギリスの**ロンドン事件**（気温逆転が起こり，浮遊ばいじん濃度が十数倍に，SO_2 濃度が 6 倍に達し，例年に比べて 4 000 人が過剰死亡した），そして，日本の**四日市ぜん息**（三重県の四日市コンビナートから排出された SO_2 などによる集団ぜん息障害が発生した）などが知られている。

また，植物被害では，精錬工場などの周辺において，植物への大きな被害が現れている。古くは1878年ころ，足尾銅山の精錬工場より高濃度のSO_2が排出され，周辺の山林が大規模に枯損した事例がある。その結果，洪水が発生して，重金属汚染が拡散されてしまった。

〔2〕 **対策と環境基準**

減少対策としては，汚染の少ない燃料への切り替え，具体的には，硫黄分の少ない天然ガスへの切り替えが効果的である。また，おもな発生源である，工場，火力発電所等に，脱硫装置を設置することがその対策となる。さらには，燃料の低硫黄化も効果的である。日本では，脱硫装置が広く普及し，燃料の低硫黄化も行われており，対策がかなり進んでいる。

SO_2の環境基準は，1時間値の1日平均値が0.04 ppm以下であり，かつ1時間値が0.1 ppm以下であることと定められている。また，長期的評価に基づく環境基準は，SO_2の年間における1日平均値のうち，測定値の高いほうから2％の範囲にあるものを除外したあとの最大値が0.04 ppm以下であること，かつ年間を通じて1日平均値が0.04 ppmを超える日が2日以上連続しないこと，とされている。長期的環境基準においては，良好な状況が続いている。平成26年度の達成率は，一般環境大気測定局（一般局）で99.6％，自動車排出ガス測定局（自排局（自動車の影響が大きい道路周辺））が100％である。

図4.4は日本のSO_2の年平均値の変化である。一般的な大気の状況把握のため設置された**一般環境大気測定局（一般局）**，および道路周辺の状況把握のために設置された**自動車排出ガス測定局（自排局）**でそれぞれ測定された数値である。脱硫対策がきわめて不十分であった1960年代は，0.06 ppmまで濃度が上昇したが，その後対策が進み，徐々に減少し，最近では，0.01 ppmを下回っている。排出規制，燃料中の硫黄分の規制，総量規制などの厳しい対策が効果をあげている。

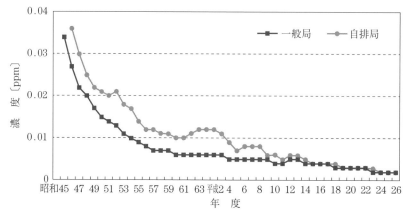

図4.4 二酸化硫黄濃度の年平均値の推移（昭和45年度〜平成26年度）
〔出典：平成28年版 環境・循環型社会・生物多様性白書[5]〕

4.3 窒素酸化物

窒素酸化物（NOx）には NO，NO$_2$，N$_2$O$_4$，N$_2$O$_3$，N$_2$O などが知られている。その中で発生量の多い，NO（一酸化窒素）と NO$_2$（二酸化窒素）が特に重要である。人為的発生源としては化石燃料等の燃焼，自然発生源としては，土壌中での微生物活動や雷放電などがある。人為的発生量は，自然発生量の約 2 倍あり，おもな発生源は，ボイラーおよび自動車である。人為的発生には，高温・高圧での燃焼時に，本来反応しにくい空気中の窒素と酸素が反応して窒素酸化物になる**サーマル NOx** と，燃料由来の窒素化合物から窒素酸化物となる**フューエル NOx** がある。NOx は呼吸器に悪影響を与えるほか，酸性雨や光化学オキシダントの原因物質でもある。また，NO や NO$_2$ は植物に対しても悪影響を与える。

対象と環境基準

減少対策として，工場等では脱硝装置の設置が進んでいる。また，排出量の多いガソリン自動車には，三元触媒が広く採用され，NOx の発生が大きく減少した。対策が遅れていたディーゼル車に対しても，SCR 触媒等の技術が進展してきたため，発生量は減少傾向にある。

日本の NO$_2$ についての環境基準は，1 時間値の 1 日平均値が 0.04 ppm から 0.06 ppm までのゾーン内またはそれ以下であることと定められている。

図 4.5 に示した，NO$_2$ の経年変化を見ると，改善傾向がしばらく見られなかったが，平成 10 年ころより，穏やかな改善傾向が現れている。環境基準の達成率も，徐々に改善し，平成 15 年では，一般局でほぼ 100 %，自排局で 85 % であったが，平成 26 年では，一般局で 100 %，自排局でも 99.5 % と，ほとんどの測定局で環境基準が達成されている。

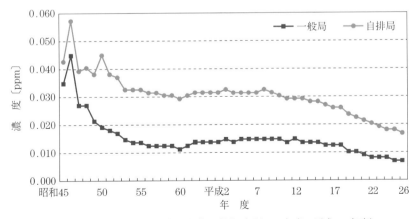

図 4.5 二酸化窒素濃度の年平均値の推移（昭和 45 年度～平成 26 年度）
〔出典：平成 28 年版　環境・循環型社会・生物多様性白書[5]〕

34   第 4 講　酸性雨および硫黄酸化物，窒素酸化物

例題 4.1

硫黄酸化物に関する記述として，誤っているものはどれか。

（1）　発生源として，雷などの自然発生源と，化石燃料の燃焼などの人為発生源がある。

（2）　化石燃料の燃焼により発生する硫黄酸化物は，大部分が SO_2 である。

（3）　四日市ぜん息の主要な原因物質であった。

（4）　固定発生源を施設物に見ると，ボイラーが発生量の 70 ％を占める。

（公害防止管理者試験，大気関係，類題）

【解答・解説】

（1）：火山から発生。

例題 4.2

以下の文章に示した，過去の大気汚染による健康被害は，（1）〜（4）のどれにあたるか。

気温逆転が起こったため，浮遊ばいじん濃度が十数倍に，SO_2 濃度が 6 倍に達し，例年に比べて約 4 000 人多い死亡者を記録した。

（1）　ミューズ事件（ベルギー）　　（2）ドノラ事件（アメリカ）

（3）　ロンドン事件（イギリス）　　（4）四日市ぜん息（日本）

（公害防止管理者試験，大気関係，類題）

【解答・解説】

（3）：本文参照。

例題 4.3

大気環境問題に関する記述として，誤っているものを示せ。

（1）　固定発生源から放出される二酸化硫黄量の減少は，燃料の低硫黄化と排煙脱硫黄による。

（2）　二酸化硫黄の酸化により生成した硫酸は，雨が酸性化する主要な原因となる。

（3）　一酸化窒素は，二酸化窒素にくらべて，健康，植物等への影響は少ない。

（4）　自動車は，大都市域での大気汚染への寄与率が大きいと考えられている。

（公害防止管理者試験，大気関係，類題）

4.3 窒素酸化物　35

【解答・解説】

（3）：一酸化窒素も二酸化窒素と同様に，影響を与える。

問題 4.1

窒素酸化物に関する記述として，誤っているものを示せ。

（1）　発生源として，雷などの自然発生源が知られている。

（2）　硫黄酸化物は，空気中の窒素分子が反応して生成することもある。

（3）　光化学オキシダントの原因物資でもある。

（4）　ディーゼル車から排出される窒素酸化物に対しては，対策が進んでいない。

演 習 問 題

【4.1】　以下の用語を，1500 字程度で解説せよ。ただし解説には，（　）内の四つのキーワードを必ず使用せよ。

酸性雨（二酸化硫黄，窒素酸化物，影響，生態系）

（大学院入試問題，類題）

【4.2】　酸性雨と生態系に関する以下の文章を読み，設問に答えよ。

石炭や石油に含まれる硫黄分は，燃焼して二酸化硫黄となり大気中に排出され，大気中の水に溶けて（ア）を生成する。また，高温燃焼の過程で大気中の窒素分子が（イ）と反応して（ウ）を生成し，さらに（エ）に酸化され，これが水に溶けて（オ）が生成される。このような過程で，(ⅰ)酸性度が強くなった雨を酸性雨という。また，（ア）や（オ）は，そのままの化学形態だけでなく，粒子状物質である $(NH_4)_2SO_4$ や NH_4NO_3 などとして大気中を浮遊している。

酸性雨は，森林衰退の原因の一つとして考えられている。強い酸性雨が森林植物の葉や幹に接触すると，壊死や脱色などの可視障害が生じることもある。また，(ⅱ)酸性雨が土壌に降下しても，すぐには影響が現れない。しかし，時間とともに徐々に酸性化が進み，植物の生育に適さない状態になることもある。

（1）　文中の（ア）～（オ）に入る適切な語句や化学物質名を答えなさい。

（2）　下線部（ⅰ）に関し，酸性雨の一般的な目安となる pH の値を，その理由とともに答えよ。

（3）　下線部（ⅱ）に関し，この現象を何と呼ぶか答えよ。

（大学院入試問題　類題）

第5講
光化学オキシダントと
PM2.5

5.1　光化学オキシダントとは

　光化学オキシダントは，交通量の多い都市部において，太陽の紫外線が強い日中に発生して，人の健康に被害を与える。とくに風の弱い，夏に多く発生する。発生のメカニズムは，複雑であるが，簡単にまとめると以下のようになる。

　自動車の排ガス中に含まれる窒素酸化物，NO が大気中で酸化されて NO_2 になる。そして，この NO_2 が太陽光中の紫外線を吸収して NO と原子状の酸素（O）に分解し，この O が酸素分子（O_2）と結合して**オゾン**（O_3）が生成される。また，この O_3 や O により，排ガス中の揮発性有機化合物（**VOC**）が酸化されアルデヒドができ，さらに酸化され過酸化物となる。この過酸化物が NO_2 と反応するとパーオキシアセチルナイトレート（PAN）と呼ばれる刺激性の化合物となる。これら，O_3，アルデヒド，PAN などが人の健康に害を及ぼすのである。これらの物質を光化学オキシダントと呼ぶが，その大部分（90 % 以上）はオゾン（O_3）である。広い意味で VOC とは，揮発性を有し，大気中で気体状となる有機化合物の総称であり，トルエン，キシレン，酢酸エチルなど多種多様な物質が含まれる。しかし，ここでは，狭い意味での VOC で，NMHC として捉えられている。NMHC とは，水素（H）と炭素（C）からなる炭化水素（HC）の中から，光化学反応性が乏しいメタン（CH_4）を除いた炭化水素の総称である。

5.2　光化学オキシダントの環境影響

〔1〕　人間への影響

　光化学オキシダントは，目の粘膜を刺激したり，呼吸器障害を引き起す。眼痛，頭痛，せき，咽喉部痛，倦怠感等が症状として現れる。呼吸器官が弱く，ぜん息の持病がある人は，嘔吐や呼吸困難になることもある。そこで，光化学オキシダント濃度が高い場合には，光化学オキシダント注意報・警報が発令される。その場合，屋外での運動は避けるようにし，外

出はせず，屋内で過ごすことが望ましい。また家の窓を閉め，外気が入らないようにする。注意報・警報の基準は，**表 5.1** のように定められている。

表 5.1 オキシダント注意報・警報発令基準

オキシダント注意報	光化学オキシダント濃度の 1 時間値 0.12 ppm 以上で，気象条件から見て，その状態が継続すると認められる場合に，各都道府県知事等が発令する。
オキシダント警報	警報各都道府県等が独自に要綱等で定めているもので，一般的には，光化学オキシダント濃度の 1 時間値が 0.24 ppm 以上で，気象条件から見て，その状態が継続すると認められる場合に各都道府県知事等が発令する。

〔2〕 植物への影響

光化学オキシダントの主要成分であるオゾンは，植物に色々な影響を及ぼすことが知られており，植物の生理機能，成長，収量などを低下させる。よく知られている影響が，葉の可視障害である。オゾンにより，葉に茶褐色や白色の斑点状の障害が発現する。また，オゾンは植物の純光合成速度を低下させる。光合成にとって重要な色素であるクロロフィル，重要な酵素であるルビスコの含量や活性が低下して純光合成速度の低下を引き起こす。そのため，植物の成長や収量が減少することになる。

光化学オキシダント濃度の高い，埼玉県，群馬県，東京都においては，現状のオゾン濃度で，イネの生産量が約 10 ％低下しているといわれている。品種による違いもあり，悪影響を受けにくい順に，キヌヒカリ＞朝の光＞コシヒカリ というデータもある。ほかに，コマツナの成長に悪影響を及ぼしているといわれている。

また，森林への影響も指摘されている。丹沢・大山国定公園内のブナ林の衰退など各地の森林衰退の原因の一つとして，光化学オキシダントの主成分であるオゾンが指摘されている。

5.3 光化学オキシダントの現状と対策

〔1〕 環境基準の達成状況

環境省の平成 26 年度調査では，測定局数，一般局 1 161 局，自排局 28 局の中で，環境基準の達成状況は，一般局で 0.0 ％，自排局で 3.6 ％であり，依然としてきわめて低い水準で，光化学オキシダント濃度の高い状態が長年続いている（**図 5.1**）。環境基準は，1 時間値が 0.06 ppm 以下であることとなっている。

〔2〕 光化学オキシダント注意報等の発令状況

平成 27 年の**光化学オキシダント注意報**等の発令延日数は 101 日で，平成 26 年の 83 日より増加している（**図 5.2**）。月別に見ると，8 月が最も多く 41 日，次いで 7 月が 40 日である。

第 5 講　光化学オキシダントと PM2.5

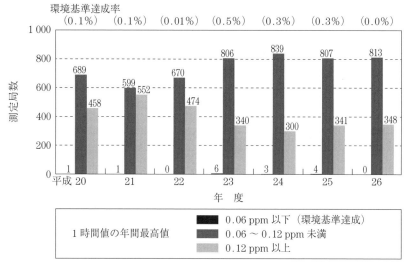

図 5.1　昼間の日最高 1 時間値の光化学オキシダント濃度レベルごとの測定局数の推移（一般局）（平成 20 ～ 26 年度）
〔出典：平成 28 年版　環境・循環型社会・生物多様性白書[1]〕

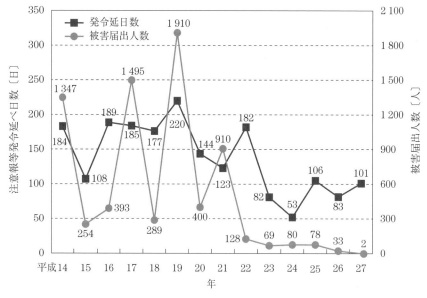

図 5.2　注意報等発令延べ日数，被害届出人数の推移（平成 14 ～ 27 年）
〔出典：平成 28 年版　環境・循環型社会・生物多様性白書[1]〕

　なお，光化学オキシダントの環境改善効果が見やすいように，新たな指標（日最高 8 時間平均値の年間 99 パーセンタイル値の 3 年平均値）が導入された。関東地域，東海地域，阪神地域等においては，近年，域内最高値が低下傾向を示しており，高濃度域では光化学オキ

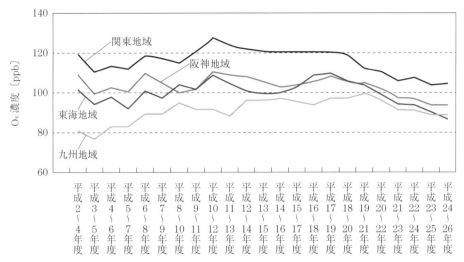

図 5.3 光化学オキシダントの環境改善効果を適切に示すための指標[†]による域内最高値の経年変化
〔出典：平成 28 年版　環境・循環型社会・生物多様性白書[1)]〕

シダントの濃度低下が示唆されている（**図 5.3**）。

　光化学オキシダントの改善対策は，窒素酸化物と VOC の減少対策である。重要な発生源は，自動車の排気ガスで，規制の強化が進められている。とくにディーゼルエンジンから排出されるガスの中には，VOC が多量に含まれている。そこで，自動車交通が集中する大都市地域（埼玉県，千葉県，東京都，神奈川県，愛知県，三重県，大阪府，および兵庫県）では，各都府県が自動車 NOx・PM 法に基づいて例えば，1 日に自治体に入るディーゼル車の数を規制するなどの対策が進められている。

5.4　浮遊粒子状物質および PM2.5 とは

　大気汚染物質として，近年注目されてきたものが，**浮遊粒子状物質（SPM）**である。大気中に浮遊する粒子状物質のうち，粒径が 10 μm 以下のものを呼ぶ。SPM には，工場などから排出されるばいじんや粉じん，ディーゼル車から排出される黒煙などの，人間活動によるもののほか，地表から舞い上がる土壌粒子（中国大陸から運ばれてくる黄砂など），火山噴火による火山灰，海水由来の海塩粒子などの自然起源のものがある。SPM は，長期間大気中に留まり，人間の肺や気管などに入って，呼吸器に悪影響を及ぼすことが知られている。

---

† 日最高 8 時間値の年間 99 パーセンタイル値移動平均

SPMは，直径10 μm以下のものであるが，それより小さい，直径2.5 μm以下のものは，**微小粒子状物質（PM2.5）**と呼ばれている。通常のSPMよりも気管支や肺の奥まで入り込むため，人間の健康に与える影響が大きいことがアメリカでの研究で明らかにされている。日本では，2009年9月に微小粒子状物質（PM2.5）に対する環境基準が設定され，対策が取られるようになった。図5.4のように，PM2.5の主要成分は，**原子状炭素（ブラックカーボン）**，有機炭素，硫酸イオンなどである。

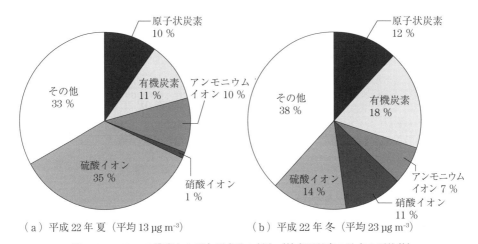

（a）平成22年夏（平均13 μg m^{-3}）　　　（b）平成22年冬（平均23 μg m^{-3}）
図5.4 PM2.5の濃度および主要成分の割合（神奈川県内5地点の平均値）
〔出典：微小粒子状物質PM2.5パンフレット[2]〕

5.5　PM2.5の環境影響

ハーバード6都市研究がよく知られている。アメリカ東部6都市で無作為に選ばれた25～74才の白人8 111人を対象に1974年以降14～16年間追跡した研究である。総死亡，心肺疾患，肺がん，心肺・肺がん以外の死亡とPM2.5の長期曝露との関連が調査された。その結果，PM2.5濃度と総死亡，呼吸器疾患死亡，心肺疾患死亡との間に明確な関連が認められたのである。この結果は世界中に強い印象を与えた。また，全米がん協会（ACS）研究は，アメリカの都市に居住する成人を対象とし，1982年に開始した研究である。50都市の295 223人の死亡とPM2.5の関連について調査された。1989年までの7年間の研究により，PM2.5濃度と総死亡，心肺疾患死亡に関連が認められた。さらに再解析の結果，PM2.5濃度と肺がん死亡との関連性も見つかっている。それ以降，各国では，PM2.5濃度規制が進められるようになっている。

また，植物への影響については，調査が進められている段階である。例えば，カーボンブラック粒子は植物の葉に沈着すると，光合成速度を低下させることがわかっている。

5.6 浮遊粒子状物質およびPM2.5の現状と対策

〔1〕 浮遊粒子状物質

浮遊粒子状物質（SPM） の環境省の全国調査では，環境基準達成率は，一般局99.7％，自排局（道路周辺）100.0％であり，ほぼ，達成されている。**図5.5**のように濃度は，一般局0.020 mg/m^3，自排局0.021 mg/m^{3}であり，一般局，自排局とも近年ほぼ横ばい傾向である。

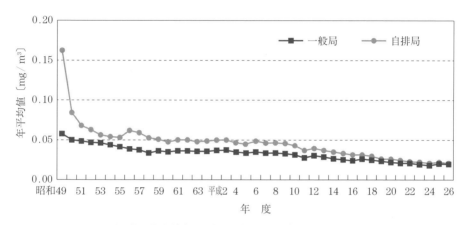

図5.5 浮遊粒子状物質濃度の年平均値の推移（昭和49～平成26年度）
〔出典：平成28年版　環境・循環型社会・生物多様性白書[1]〕

〔2〕 PM2.5

一方，**微小粒子状物質（PM2.5）** は，多くの調査地点で，環境基準が達成されていない。達成率は，一般局で38％，道路周辺の自排局では，約26％しか，達成されていない。環境基準は，1年平均値が15 μg/m^{3}以下であり，かつ1日平均値が35 μg/m^{3}以下である（**図5.6**，**図5.7**）。

また，できるだけ早く注意を喚起するために，2013年にPM2.5の暫定基準値が設けられている。注意喚起の暫定基準値は，「1日平均値が70 μg/m^{3}を超える場合」である。基準を超えた場合は，①必要でない限り外出は自粛，②屋外での激しい長時間の運動を避ける，③肺や心臓に病気のある人や高齢者，子どもは特に慎重に行動する，ことが重要である。注意喚起の基準は，いずれかの測定局で，午前5～7時のPM2.5濃度の平均値が85 μg/m^{3}を超えた場合，または，午前5～12時のPM2.5濃度の平均値が80 μg/m^{3}を超えた場合で，その日の1日平均値が暫定指針値（日平均値70 μg/m^3）を超える可能性があると予想し，注意喚起をすることになっている。

第5講　光化学オキシダントとPM2.5

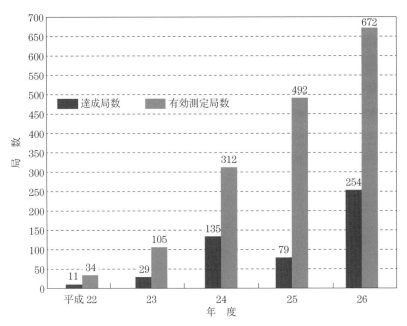

図5.6 微小粒子状物質の環境基準達成状況の推移（一般局）
〔出典：平成28年版　環境・循環型社会・生物多様性白書[1]〕

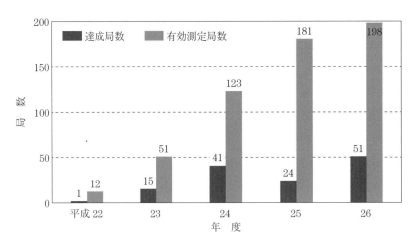

図5.7 微小粒子状物質の環境基準達成状況の推移（自排局）
〔出典：平成28年版　環境・循環型社会・生物多様性白書[1]〕

5.6 浮遊粒子状物質および PM2.5 の現状と対策　　43

例題 5.1

光化学オキシダントに関する文章において，下線を付した箇所のうち，誤っているものを示せ。

光化学オキシダントは，（1）硫黄酸化物と（2）揮発性有機化合物がかかわる大気中の光化学反応で生成するもので，オゾンが（3）90％以上を占めている。環境基準値は（4）1 時間値が 0.6 ppm 以下と設定されているが，全国の測定局（一般局）での環境基準達成割合は（5）1％に満たない状況が続いている。

（公害防止管理者試験　類題）

【解答・解説】

（1）硫黄酸化物：正しくは，窒素酸化物。

（4）1 時間値が 0.6 ppm 以下：正しくは，1 時間値が 0.06 ppm 以下。

例題 5.2

大気中の光化学オキシダント濃度に影響を与える因子として，誤っているものを示せ。

（1）窒素酸化物濃度

（2）日射量

（3）メタン濃度

（4）風向・風速

（5）自動車通行量　　　　　　　　　　　　　（公害防止管理者試験　類題）

【解　答】

（3）メタン濃度

例題 5.3

以下の説明文（1），（2），（3）には，一つずつ間違いがある。訂正せよ。

（1）浮遊粒子状物質（SPM）の環境省の全国調査では，環境基準達成率は，一般局 99.7％，自排局（道路周辺）50.0％となっている。

（2）PM2.5 の注意喚起の暫定基準値は，「1 日平均値が 35 μg/m³ を超える場合」とされた。

（3）微小粒子状物質（PM2.5）は，多くの調査地点で，環境基準が達成されていない。道路周辺の自排局では，80％しか達成されていない。

44   第 5 講　光化学オキシダントと PM2.5

【解　答】

（1）　誤：自排局（道路周辺）50.0 %　　　正：自排局（道路周辺）100.0 %

（2）　誤：1 日平均値が 35 µg/m³　　　正：1 日平均値が 70 µg/m³

（3）　誤：80 %しか　　　正：25 %しか

問題 5.1

以下の説明文の（　　　　）の中に適切な言葉を入れよ。

　大気汚染物質として，近年注目されてきたものが浮遊粒子状物質（SPM）である。大気中を浮遊する粒子物質のうち粒径が（　　　　　　　）以下のものを呼ぶ。工場から排出される，ばいじんや粉じん，ディーゼル車から排出される（　　　　　　　）などの，人間活動によるもののほか，地表から舞い上がる（　　　　　　）（中国大陸から運ばれてくる黄砂など），火山噴火による火山灰，海水由来の（　　　　　　）などの自然起源のものがある。

演　習　問　題

【5.1】　以下の説明文の（　　　　）の中に適切な言葉を入れよ。

　PM2.5 の健康影響に関する研究としては，（　　　　　　　）研究がよく知られている。アメリカ東部 6 都市で無作為に選ばれた 25 ～ 74 才の白人 8 111 人を対象に 1974 年以降（　　　　　）年間追跡した研究である。総死亡，心肺疾患，肺がん，心肺・肺がん以外の死亡と PM2.5 の長期曝露との関連が調査された。その結果，PM2.5 濃度と（　　　　　），呼吸器疾患死亡，心肺疾患死亡との間に明確な関連が認められたのである。この結果は世界中に強い印象を与えた。また，（　　　　　　）研究では，アメリカの都市に居住する成人を対象とし，1982 年に開始した研究である。（　　　　）都市の 295 223 人の死亡と PM2.5 の関連について調査された。1989 年までの 7 年間の研究により，PM2.5 濃度と総死亡，心肺疾患死亡に関連が認められた。

コラム　環境思想家　芭蕉と賢治

　2001年，英国で出版されたある書籍で，世界の環境思想に影響を与えた50人を選定している。その中には，仏陀，マハトマ・ガンジー，レイチェル・カーソンなどと，並んで，日本からただ一人選ばれたのが，松尾芭蕉である。その理由は，芭蕉の作品に自然との強い一体感があり，広い意味での日本人の自然観を生み出したことと述べられている。例えば，

　　　　　国破れて山河あり，城春にして草青みたり

は，かつて，繁栄をきわめた奥州，藤原家の遺構を見たときに綴った句である。人間と環境に対する芭蕉の思いがよく表されている。文明は栄枯盛衰を繰り返すが，緑は人間が廃れても栄え続けるのだ。

　また，宮沢賢治は，有名な短編，『注文の多い料理店』で，人間と環境について洞察している。物語は，東京から来た二人のハンターが変わったレストランでおそろしい体験をするというものである。昼間，狩りを楽しんだハンターが夜，道に迷ってしまう。

そこで「西洋料理店山猫軒」の看板を見つける。喜んで中に入った二人は，レストランのオーナー，「山猫」から不思議な注文を次々に受けるのである。最後の注文は，「体中につぼの中の塩をよくもみこんで下さい」であった。ここで，ハンターはオーナーの「山猫」が自分たちを料理しようとしていることに気が付き，あわてて，逃げ帰ってくるという話である。「山猫」は反撃に出る自然の象徴であり，都会から動物を気晴らしに殺しに来るハンターは，自然の破壊者の象徴である。賢治は，自然環境への畏敬の念とそれを尊重しない人間に対する警告を表現したのである。現在，世界が直面している「山猫」は，オゾンホールや酸性雨，地球温暖化になるのかもしれない。

第6講
森林減少と都市緑化

6.1 森林減少の進行

　ヨーロッパをはじめとする先進国では，産業革命により，蒸気機関の燃料や船の材料として，木材の需要が大幅に増えたため，森林伐採が進み，フランスでは，森林面積が国土の35％（16世紀初頭）から1789年には14％へと大幅に減少した。同様に，アメリカでも，入植前に比べて，森林面積が70％弱に，オーストラリアでは，入植前に比べて，25％に減少したといわれている。

　一方，途上国においては，20世紀以降，熱帯雨林が急速に減少している。現在，世界の森林面積は約40億haで全陸地面積の約31％を占めている。しかし，**森林減少**が広く進行しており，1990年代では，一年間に1600万haの森林が消失し，2000年代では，一年間に1300万haの森林が消失し続けている。欧州や中国の大規模な植林事業などによる増加を考慮しても，2000年から2009年までに世界全体での森林の純消失面積は年間520万ha，日本の国土の約14％にあたる森林が失われたことになる。

　2000年から2010年までの，各大陸の森林面積の変化（**図6.1**）を見ると，アフリカおよ

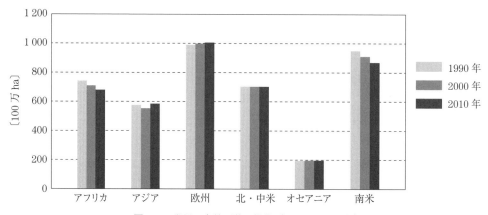

図6.1　世界の森林面積の推移（1990〜2010年）
〔出典：世界森林資源評価2010[1]〕

び南米で森林減少が続いているが，アジアおよび欧州では，少し増加している。国別の森林面積では，大きい順に，ロシア，ブラジル，カナダ，アメリカ，中国となり，それらの国が世界の森林の約半分を占めている。その中では，近年ブラジルの森林減少が著しい（図 6.2）。

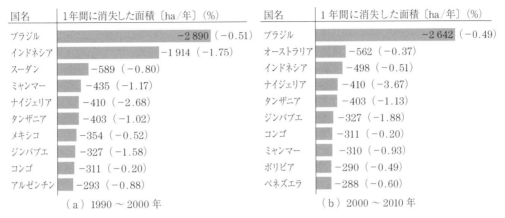

図 6.2 森林減少の多い国
〔出典：世界の森林はいま[2]〕

それ以外で，森林減少が特に激しいのは，インドネシアやアフリカの熱帯地域である。南米，東南アジア，アフリカ地域では，熱帯性気候と豊富な降水量のため熱帯雨林が国土の大半を占めていた。しかし，20世紀に入って急速に開発が進んで，森林消失が続いている。オーストラリアの森林消失は，2000年以降の深刻な干ばつ，および森林火災によるもので，2000年から2010年の純消失がブラジルに次いで第2位となった。

6.2 森林減少の影響

〔1〕 温室効果ガス（CO_2）の増加

森林は，大気中の CO_2 を吸収しているため，その減少は，CO_2 の増加をもたらすことになる。森林は光合成により，大気中の CO_2 を吸収して，樹木内に炭素として蓄積する。また，落ち葉などにより，土壌中にも炭素を蓄積している。実際，森林減少が原因と考えられる CO_2 の増加量は，世界の排出量の約 20 % にあたる，という報告（気候変動に関する政府間パネル（**IPCC**），第 4 次評価報告書，2007 年）が出されている。

〔2〕 生物多様性，遺伝子資源，医薬品資源の減少

世界の動植物の約 3 分の 2 は，森林を生息地としている。したがって，森林の消失は，それら動植物の絶滅の危機となる。森林減少を食い止めることは，種の絶滅を防ぐために，きわめて重要である。

われわれが食物として利用している，米，麦などの重要な穀物，および家畜類は，もともとの野生種を長い年月をかけて品種改良したものである。例えば，小麦の原種は，熱帯雨林で見つかった野生種である。医薬品として使われる多くの抗生物質も，野生の植物から取り出されている。また近年，遺伝子工学の進歩が著しく，多種多様な遺伝子の採取がますます重要な課題になっている。野生植物や遺伝子の貯蔵庫である熱帯雨林は特に重要で，熱帯雨林は，人間にとってきわめて重要な資源となっている。

〔3〕 自然災害の増加

森林が発達すると，土壌に樹木の根が広がり，大雨による土壌流出や土砂崩れ等が起きにくくなる。また，豪雨の場合，森林が降水を一時的に貯め込むため，洪水も発生しにくくなる。降水の浸透を受け入れる能力は浸透能と呼ばれる。浸透能の大小を図6.3に示した。図からわかるように，広葉樹の森林が最も大きい。伐採跡地の浸透能は，広葉樹の60％程度であり，都市部の歩道は5％程度しかない。

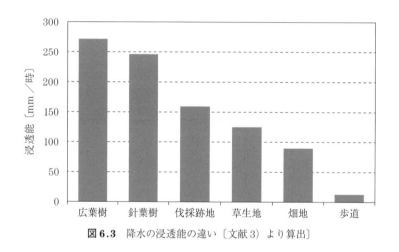

図6.3　降水の浸透能の違い〔文献3）より算出〕

6.3　森林減少の原因

〔1〕 非伝統的な焼畑農業の増加

伝統的な焼畑農業は，本来，森林減少を招かない農法であった。近年，伝統的な手法を無視した，非伝統的な焼畑農業が増加している。それは，人口の増加などにより，焼畑のサイクルを短縮してしまうため，森林が再生しなくなるのである。

〔2〕 薪，炭用木材の過剰な採取

現在，世界の木材需要の約半分は薪，炭などの燃料用として使われている。世界の人口が

増加するにつれて，燃料用木材の需要が大きく増え，植林などの森林再生が追い付かない状態になっている。

〔3〕 土地利用の転換

人口増大のため世界的に食料やバイオ燃料等の需要が増大している。燃料となるアブラヤシのプランテーションが森林を伐採して大規模に行われている。また，多くの森林が，食料としてトウモロコシや大豆などの農地へ転換されている。

〔4〕 違法伐採問題

森林伐採は，森林の再生が行われるように，計画的に行われなければならない。しかし，現状では，法律で決められた伐採量，方法，樹種等を守らない違法伐採が各地で行われている。

6.4 森林減少対策

世界的に，森林認証制度が森林減少対策として進められている。森林認証制度とは，第三者機関が，森林の持続性や環境保全への配慮等について，一定の基準を満たしている森林を認証し，認証された森林から産出される木材や木材製品を，認証材として表示して，管理する制度である。

国際的な森林認証制度には，ヨーロッパ 11 か国の認証組織により発足した **PEFC** と，世界自然保護基金（**WWF**）を中心に発足した**森林管理協議会（FSC**）の二つがある。2014 年 11 月現在では，PEFC が 2 億 6 485 万 ha，FSC が 1 億 8 310 万 ha の森林を認証している。PEFC の認証面積は世界最大で，世界 36 か国の森林認証制度と相互承認を行っている。アジアでも，日本を含め，マレーシア，中国，インドネシアが相互承認している。

日本にも独自の森林認証制度があり，一般社団法人 緑の循環認証会議（**SGEC**，エスジェック）が認証している。また PEFC との相互承認を行っている。日本の森林認証は，おもに SGEC と FSC によって行われている。2014 年 11 月現在，国内の認証面積は，FSC が約 42 万 ha，SGEC は約 125 万 ha である（**図 6.4**）。残念ながら，国内の森林面積に占める認証森林の割合は数 % と，非常に少ない状態である（**表 6.1**）。今後は森林認証制度に対する認知度を上げる努力が求められる。

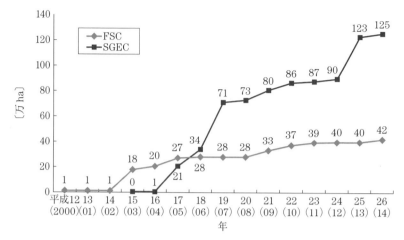

図 6.4 日本の FSC と SGEC の認証面積
〔出典：平成 26 年度　森林・林業白書[4]〕

表 6.1　主要国の認証森林面積

	FSC 〔万 ha〕	PEFC 〔万 ha〕	合計 〔万 ha〕	森林面積 〔万 ha〕	認証森林の割合 〔％〕
オーストリア	0	281	281	389	72
フィンランド	46	2 062	2 108	2 216	95
ドイツ	96	736	832	1 108	75
スウェーデン	1 205	981	2 186	2 820	78
カナダ	5 571	12 311	17 882	31 013	58
アメリカ	1 428	3 415	4 843	30 402	16
日本	42	0	42	2 498	2

注 1：各国の森林面積に占める FSC 及び PEFC 認証面積の合計の割合。
　　　なお，認証面積は，FSC と PEFC の重複取得により，実面積とは一致しない。
　 2：計の不一致は四捨五入による。
〔出典：平成 26 年度　森林・林業白書[4]〕

6.5　日本の森林環境

　日本は，国土面積 3 779 万 ha のうち，森林面積は 2 508 万 ha であり，国土面積の約 3 分の 2 が森林で覆われた，森林の比率が高い国である。日本の森林のうち，約 60 ％に相当する 1 343 万 ha が天然林で，約 40 ％に相当する 1 029 万 ha が人工林である。その主要樹種は，面積比の多いものから順に，スギ（44 ％），ヒノキ（25 ％），カラマツ（10 ％）となっている。

　日本では，森林の蓄積量がこの 50 年で約 2.6 倍になり，特に人工林では約 5.4 倍にも増

加した（**図6.5**）。近年の蓄積量は，年平均で約1億m^{3}増加し，2012年3月末現在の蓄積量は約49億m^{3}に達している。このうち人工林は60％の約30億m^{3}となっている。しかし，木材需要が低迷し，森林の管理が十分ではない。また，収穫期を迎えた森林でも，利用されないものが多い。**図6.6**のように，森林面積の58％が私有林，12％が公有林，31％が国有林となっている。なお，人工林においては，面積の65％，蓄積量の73％が私有林である。

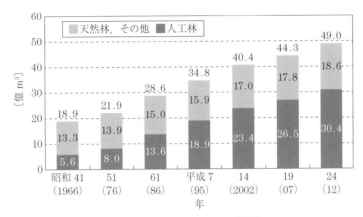

注：平成19（2007）年と平成24（2012）年は，都道府県において
収穫表の見直し等精度向上を図っているため，単純には比較できない。
図6.5 日本の森林蓄積量の推移（各年3月31日現在）
〔出典：平成26年度　森林・林業白書[4]〕

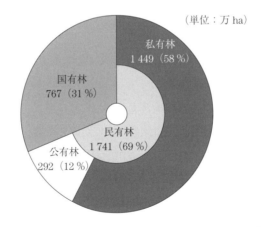

図6.6 日本の森林面積の内訳（2012年3月31日現在）
〔出典：平成26年度　森林・林業白書[4]〕

6.6　森林の世界遺産登録

貴重な森林の保護を進めるため，世界遺産登録が行われている。日本におけるユネスコ（UNESCO）の世界自然遺産としては，1993年12月に白神山地（青森県，秋田県）と屋久

島（鹿児島県）が，2005年7月に知床（北海道）が，2011年6月に小笠原諸島（東京都）が登録された。これらの大半が国有林となっている。また，**世界自然遺産**の国内候補地として，奄美・琉球（鹿児島県，沖縄県）がある。このほか，**世界文化遺産**としては，2013年6月に富士山 ― 信仰の対象と芸術の源泉（山梨県，静岡県）が登録された。

　世界遺産のほか，ユネスコでは**生物圏保存地域**（Biosphere Reserves，国内呼称：**ユネスコエコパーク**）の登録がある。日本では志賀高原（群馬県，長野県），白山（富山県，石川県，福井県，岐阜県），大台ヶ原・大峯山（三重県，奈良県），綾（宮崎県），屋久島（鹿児島県），只見（福島県），南アルプス（山梨県，長野県，静岡県）などがすでに登録され，森林保全が進められている。

6.7　都　市　緑　化

　都市の周辺は，開発の進行により，森林や草地が急激に減少している。しかし，都市の緑には多様な価値があり，その保全が重要である。さらには，都市公園の整備や建造物の**屋上緑化**や**壁面緑化**が必要とされている。

　緑地はいろいろな価値をもっている。例えば

① 都市域の気温が人間活動により周囲の郊外域より高くなる，ヒートアイランド現象の緩和

② 車の走行音などの騒音の低減

③ 火災の延焼防止などの防災機能

④ 大気汚染物質の捕捉による大気浄化

⑤ 安らぎを与えてくれる野鳥，蝶やトンボなどの生息の場

⑥ 都市に残る歴史的な社寺林等が，市民の憩いの空間を提供

等があげられる。

　近年，顕著になっている**ヒートアイランド現象**は，**図6.7**のように，世界の主要な大都市では，どこでも見られる。東京では，この30年間で，気温が約1℃上昇し，熱帯夜数も10年間で5日程度増加した（**図6.8**）。ヒートアイランドのおもな原因は，都市活動による排熱量の増加，草地，森林の減少などが考えられる。

　多くの自治体では，条例や助成制度により，屋上緑化や壁面緑化を進めている。東京都では「東京における自然の保護と回復に関する条例」を作り，敷地面積1 000 m² 以上の民間施設または250 m² 以上の公共施設を新築，増改築する場合，屋上緑化や壁面緑化を求めている。屋上緑化や壁面緑化の実例として，大阪市のなんばパークスが知られている。なんばパークスは，大阪の主要な商業拠点の一つで，南海電鉄難波駅に隣接する地区に作られた複

6.7 都市緑化　53

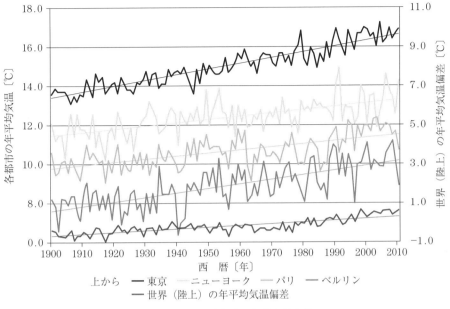

上から ── 東京　── ニューヨーク　── パリ　── ベルリン
　　　　── 世界（陸上）の年平均気温偏差

図 6.7　世界の大都市の気温変動比較
〔出典：ヒートアイランド現象[5]〕

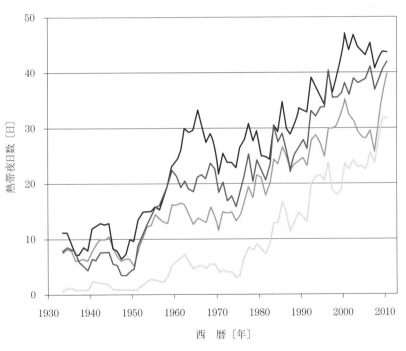

上から ── 大阪　── 福岡　── 東京　── 名古屋

各地点について，最低気温 25℃ 以上の年間日数を 5 年移動平均したもの
（注：大阪の熱帯夜日数の経年変化には観測地点が移転した影響が含まれている）

図 6.8　4 都市における熱帯夜日数（5 年移動平均）
〔出典：観測データの長期変化から見る日本各地のヒートアイランド[6]〕

54   第6講　森林減少と都市緑化

合商業施設である。この施設では，屋上緑化，壁面緑化が各所に取り入れられた。各階の屋
上等を利用して作られた庭園が 11 500 m² に及び，高木を含め約 300 種，約 70 000 株の植
物が植えられている。なお，一部は貸し農園として市民に開放されている。この試みは，先
進的な事例として高く評価され，鳥類や昆虫類などの生物調査，ヒートアイランド緩和効果
の調査，樹木の CO_2 吸収量の調査などが継続されている。

例題 6.1

世界の森林についての説明文の（　　）内を満たせ。

（1）　世界で森林面積が大きい五つの国は，（　　　　　），（　　　　　），（　　　　　），
　　（　　　　　），（　　　　　）で，世界全体の森林面積の半分を占める。

（2）　オーストラリアでは，（　　　　）によって，2000 年以降，森林の消失が加速して
　　いる。

（3）　アジアでは，森林面積が，純減を続けていたが，2000 ～ 2010 年には，純増になっ
　　た。それはおもに，（　　　　）での大規模な新規植林によるものである。

（4）　森林減少は低下の兆しもあるが，（　　　　　）など，依然として高率で推移して
　　いる国もある。

（5）　日本の森林のうち約（　　　）が天然林であり，約（　　　　）が人工林である。
　　その主要樹種の面積構成比は，（　　　　）が 44 %，（　　　　）が 25 %，（　　　　）
　　が 10 % となっている。

【解　答】

（1）　ロシア，ブラジル，カナダ，アメリカ，中国　　（2）　山火事
（3）　中国　　（4）　ブラジル　　（5）　60 %，40 %，スギ，ヒノキ，カラマツ

例題 6.2

熱帯雨林減少の原因を四つ述べよ。

【解　答】

土地利用の転換，　非伝統的な焼畑農業の増加，　薪，炭用木材の過剰な採取，　違法伐採問題。

例題 6.3

つぎの二つの説明文には，2 か所ずつ間違いがある。正しく書き直せ。

（1）　森林は，豪雨時に降水を一時的に貯留して河川へ流れ込む水量を減らして洪水を緩和

6.7　都　市　緑　化　　55

している。降水の浸透を受け入れる能力を浸透能といい，森林，特に針葉樹が最も大きく，草生地の浸透能は，その20 ％しかない。

（2）　大気中のCO_2の吸収を担っている森林の減少は，CO_2の増加をもたらしている。樹木は光合成によって二酸化炭素を吸収し，酸素を樹木内に蓄積する。2007 年に公表された IPCC の報告書では，世界の温室効果ガス排出量の約10 ％は，森林が農地など他の用途に転用されたことが原因とされた。

【解　答】
（1）　誤：特に針葉樹が最も大きく
　　　正：特に広葉樹が最も大きく
　　　誤：草生地の浸透能は，森林の 20 ％しかない
　　　正：草生地の浸透能は，森林の 50 ％しかない
（2）　誤：酸素を樹木内に蓄積する
　　　正：炭素を樹木内に蓄積する
　　　誤：世界の温室効果ガス排出量の約 30 ％は
　　　正：世界の温室効果ガス排出量の約 20 ％は

問題 6.1
以下の説明文の誤りを正せ。

ヒートアイランド現象とは，人間活動が原因で都市の気温が郊外域より高くなることをいう。ヒートアイランドのおもな原因としては，地球温暖化やオゾン層破壊があげられている。例えば，東京では，この 30 年間で，約 3 ℃の気温上昇が起こっている。また，熱帯夜数も増加し，東京では，10 年間で 10 日程度増加している。

東京都では「東京における自然の保護と回復に関する条例」により，敷地面積 100 m² 以上の民間施設に「森林計画書」の届出が義務づけられている。この条例において，屋上緑化，壁面緑化が求められている。

演　習　問　題

【6.1】　森林認証制度について，以下の用語を用いて 200 字程度で説明せよ。
　　　WWF, FSC, PEFC, SGEC

第7講
放射線と環境

7.1 放射線の種類

　放射線には電磁波と粒子線がある。電磁波である放射線のうち，原子に由来するものをX線，原子核に由来するものをγ線という。X線とγ線は紫外線よりも，波長が短く，エネルギーが高い。X線とγ線とは波長によって区別しているわけではないが，一般的にγ線のほうがX線よりも波長が短いものが多い。

　粒子線は粒子の流れであり，なんの粒子であるかによって，多くの種類があるが，一般には**放射性同位体**（radioisotope, RI）から放出されるα線とβ線が重要である。β線にはβ^-線とβ^+線があるが，β^-線のことを，単にβ線ということも多い。

　α線は^{4}Heの原子核，つまり^{4}He^{2+}の流れである。β^-線は電子e^-の流れ，β^+線は陽電子e^+の流れである。陽電子は電子の反粒子，つまり質量と電荷の絶対値が等しく電荷の符号が反対である粒子だが，物質中では電子と衝突して消滅してしまう。β^+線を放出する放射性同位体は，β^-線を放出する放射性同位体より少ないが存在する。放射性同位体からはα線，β線，γ線などが放出される。放射線を出す能力を放射能という。

　X線は1895年にレントゲン（W.C. Röntgen）が発見し，これによりレントゲンは1901年に第1回ノーベル物理学賞を受賞した。1896年には，ベクレル（A.H. Becquerel）が，ウランからX線に似た感光作用を持つ放射線が出ていることを発見した[1]。放射能の強さの単位〔Bq〕はベクレルの名前に由来している。

　ラザフォード（E. Rutherford）は，ウランやトリウムなどの天然の放射性物質から少なくとも2種類の放射線が出ていることを明らかにした。一つは電離能力が非常に大きく，もう一つは電離能力が小さいという違いがあり，それぞれ，α線，β線と名付けた。電離能力が大きいということは，それだけ物質との相互作用が大きいために透過力が小さいことになる。つまり，透過力はα線よりβ線のほうが大きい。

　このほかに，β線よりもさらに透過力の大きい放射線も存在することがわかり，それをγ線と名付けた。透過力の違いから，α線は紙1枚程度で，β線は厚さ数mmのアルミニウム

で，γ線は厚さ $1.5\,\mathrm{cm}$ の鉛で遮へいすることができる。

発見当初はこれらがなんであるのかわからなかったが，α線とβ線は磁場の中に置くと曲がった（**図7.1**）。これは，荷電粒子の流れが磁場の中でローレンツ力を受けるからである。この曲がり方からα線の質量/電荷比を調べることができ，この比が水素イオン H^+ の値の約2倍であることがわかった。水素イオンは電荷が1で原子量が1である。原子量が2の元素はないので，電荷が2で原子量が4であるヘリウムイオン $^4\mathrm{He}^{2+}$ と考えられた。

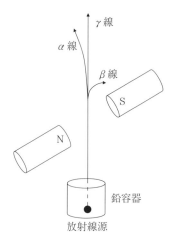

図 7.1 α線，β線，γ線の性質

β線は，磁場の中でα線とは反対の方向に曲がり，質量/電荷比の測定から，この比が電子に近いことがわかった。このことからβ線が電子の流れであることが明らかになった。

γ線は磁場の中でも曲がらずに直進した。ラザフォードは，γ線がX線のように波長の短い電磁波であると考え，このことは，γ線を結晶に当てたときの散乱を観測して，γ線の波長を測定することで証明された。

7.2 放射線の性質

原子は正の電荷を持つ原子核と負の電荷を持つ電子からなっている。原子核は正の電荷を持つ陽子と電荷を持たない中性子からなっている。陽子の数が元素としての性質を決めるため，陽子の数を原子番号という。一方，陽子と中性子の質量はほぼ等しく，電子の質量はこれらに比べると無視できるほど小さいので，陽子と中性子の数の和が原子の質量に比例することになり，これを質量数という。

原子番号と質量数によって決まる原子核の種類を**核種**（nuclide）といい，原子番号が等しくて質量数の異なる核種を**同位体**（isotope）という。多くの元素はいくつかの同位体を持っ

58 第7講 放射線と環境

ているが, 安定な**安定核種**（stable nuclide）と不安定で放射能を持つ**放射性核種**（radioactive nuclide）がある。

放射性核種は不安定であるため, α 線や β 線などの放射線を出して別の核種に壊変[†]する。α 線を出す壊変を α 壊変, β 線を出す壊変を β 壊変という。

α 線は $^4\mathrm{He}^{2+}$ であり, $^4\mathrm{He}^{2+}$ は陽子2個と中性子2個からできているので, α 壊変すると, 原子番号が2, 質量数が4少ない核種になる。β 線は電子または陽電子であり, 電子を出す場合は, 中性子が陽子と電子と反ニュートリノに変化し, 陽電子を出す場合は, 陽子が中性子と陽電子とニュートリノに変化する。ニュートリノも非常に質量が小さいので, β 壊変では質量数が変化せず, β^- 壊変では原子番号が1増え, β^+ 壊変では原子番号が1減る。

α 壊変や β 壊変で別の核種になった直後は励起状態になっていることが多いため, 基底状態に落ちるときに余分なエネルギーを電磁波として放出するのが γ 線である。原子核の壊変は確率的な現象であるので, 単位時間に壊変する原子核の数は存在する放射性の原子核の数に比例する。微分方程式で表すと次式のようになる。

$$-\frac{dN}{dt} = \lambda N \tag{7.1}$$

この微分方程式を解いて, $t=0$ のとき, $N=N_0$ とすると

$$N = N_0\, e^{-\lambda t} \tag{7.2}$$

となり, 指数関数的に減少する。λ は放射性核種に固有の定数で壊変定数と呼ばれる。

壊変する原子核の数だけ放射線が出るので, この単位時間に放出される放射線の個数が放射能（A）と呼ばれる。すなわち

$$A = \lambda N = \lambda N_0\, e^{-\lambda t} = A_0\, e^{-\lambda t} \tag{7.3}$$

となり, 放射能も時間の経過に対して指数関数的に減少する。

放射能の単位 1 Bq（ベクレル）は1秒間に1個の原子核が壊変することを表す。以前に使用されていた放射能の単位〔Ci〕（キュリー）は, 1 g の $^{226}\mathrm{Ra}$ の壊変率に由来し, 1 Ci $= 3.7 \times 10^{10}$ Bq である。しかし,〔Ci〕は国際的な SI 単位ではないのに対して,〔Bq〕は s^{-1} であり, SI 単位なので,〔Ci〕より〔Bq〕の使用が推奨される。

式（7.2）において, $N=N_0/2$ となる時刻を $t=T_{1/2}$ とすると

$$T_{1/2} = \frac{\ln 2}{\lambda} = \frac{0.693}{\lambda} \tag{7.4}$$

となる。この $T_{1/2}$ は半減期と呼ばれ, 最初に存在した原子核が壊変によって半分になるまでの時間である。放射能は原子核の数に比例するので, 放射能についての半減期も同じになる。

λ が放射性核種に固有の定数であることから, 半減期も放射性核種に固有の定数であり,

[†] 構成の不安定性を持つ原子核が放射線を出すことにより他の安定な原子核に変化する現象。

1秒に満たない短いものから 100 億年を超える長いものまでさまざまな値をとる。半減期の長い放射性核種はなかなか減らないが，放射線を出す頻度はきわめて低い。一方，半減期の短い核種は，最初はたくさんの放射線を出すが，短い時間で急激に減衰する。

7.3　放射線の生物への影響

放射線の強さを表す単位は複数ある。一つは空気中を通過したときの放射線の**照射線量**を表す単位であり，以前は〔R〕（レントゲン）という単位が使われていたが，SI 単位ではない。空気中を放射線が通過すると電離が生じ，その単位質量当りの電気量を表すので，SI 単位では C kg^{-1} である。

別の単位として，物質が吸収した放射線の**吸収線量**を表す〔Gy〕（グレイ）という単位がある。放射線によって 1 kg の物質に 1 J のエネルギーが吸収されたときの吸収線量が 1 Gy である。

吸収線量から，放射線の生物への影響を評価するための線量の当量を計算した単位が〔Sv〕（シーベルト）である。吸収線量は生物への影響の目安になるが，生物に及ぼす放射線による傷害の大きさは，放射線の種類とそのエネルギーによって異なるため，**表 7.1** に示すような放射線荷重係数が国際放射線防護委員会（ICRP）によって定められており，吸収線量と放射線荷重係数をかけたものが**等価線量**である。

表 7.1　ICRP による 1990 年勧告の放射線荷重係数

放射線の種類	エネルギー範囲	放射線荷重係数
γ 線，X 線	全エネルギー	1
β 線，電子線	全エネルギー	1
中性子線	E < 10 keV 10 keV ≦ E ≦ 100 keV 100 keV < E ≦ 2 MeV 2 MeV < E ≦ 20 MeV 20 MeV < E	5 10 20 10 5
陽子線	2 MeV < E	5
α 線やそのほかの重粒子線		20

放射線荷重係数を見ると，α 線は β 線，γ 線，X 線などの 20 倍の傷害を与えることがわかる。前に述べたように，α 線は電離能力が非常に大きく，生物への影響が大きいのである。これは，^{4}He^{2+} が荷電粒子であり，質量も大きいことが関係している。

60 　第 7 講　放射線と環境

　中性子線は 100 keV から 2 MeV の範囲で α 線などと同じ程度に生物への影響が大きいが，エネルギーがこの範囲より大きくても小さくても放射線荷重係数は小さくなり，生物への影響は相対的に小さくなる。中性子は安定核種に取り込まれて，安定核種を放射性核種に変えるが，この核反応を起こす確率が中性子のエネルギーに依存しているためである。

　中性子線は鉛などの金属では遮へいできず，水やコンクリートの厚い壁に含まれる水素原子によって遮へいできる。通常，中性子線は原子炉の中以外では，ほぼ存在しない。

　同じ等価線量であっても，傷害の受けやすさは人間の組織や器官によって異なるため，**表7.2** に示すような組織荷重係数が定められており，等価線量と組織荷重係数をかけたものが**実効線量**である。

表 7.2　ICRP による 1990 年勧告の組織荷重係数

組織・臓器	組織荷重係数
生殖腺	0.20
赤色骨髄	0.12
肺	0.12
結腸	0.12
胃	0.12
乳房	0.05
甲状腺	0.05
肝臓	0.05
食道	0.05
膀胱	0.05
骨表面	0.01
皮膚	0.01
残りの組織・臓器	0.05
係数合計	1.00

　放射線が生物に照射されると，細胞に含まれている遺伝子の**デオキシリボ核酸** (deoxyribonucleic acid, DNA) に傷害を与える。DNA は二重らせん構造をしており，アデニン，チミン，グアニン，シトシンの 4 種類の塩基が組み合わさっている。塩基の配列の仕方によって，どのようなタンパク質を合成するかが決まっており，いわば DNA は生命の設計図である。

　放射線は，目には見えないがエネルギーが高いため，DNA 内の結合を切断し，損傷を与える。損傷を受けた DNA を持つ細胞は，がん細胞になったり，異常な働きをしたりするようになる。ただ，一度にそれほど多くの損傷を受けなければ，DNA は二重らせんになって

いるので，情報の修復も可能である。しかし，短期間に一定以上の放射線を浴びてしまうと，DNA は修復不可能な損傷を受けてしまう。

　放射線による DNA の損傷は突然変異として，生物進化の原動力になることもあるが，生物に対して致命的なダメージを与えることもある。細胞はその種類によって放射線に対する感受性に差があり，細胞分裂頻度が高いものほど感受性が高い。そのため，胎児が最も影響を受けやすく，幼児，成人の順に影響が小さくなる。表 7.2 で生殖腺の組織荷重係数が皮膚の 20 倍になっているのも，そのような理由による。

　レントゲン写真を撮る際も，下腹部に鉛のエプロンを巻き，感受性の高い生殖腺を X 線から守る。また，妊娠している可能性がある女性に対してはレントゲン写真の撮影は行なわないようになっている。男性の生殖細胞である精子は，新しいものが随時作られ，古いものは吸収されるが，女性の生殖細胞である卵子は，生まれたときから，元となる細胞が体内に存在している。そのため，女性の生殖細胞を放射線被ばくから守ることは特に重要である。

　放射線が人体の健康に与える影響としては，確率的影響と非確率的影響がある。非確率的影響とは，傷害の現れる最低の被ばく線量であるしきい値があり，しきい値より少ない被ばく線量では傷害が発生しない場合である。一方，確率的影響については，しきい値がなく，傷害の発生確率が被ばく線量に比例する。発がんや遺伝的影響が該当する。しかし，被ばく後，すぐに発症するわけではないし，確率的な問題なので，放射線との因果関係を示すのは難しい。

　非確率的影響について，大量の放射線を一度に浴びた場合，どうなるかについては，非常に残念なことであるが，実際に起こった事象がある。1999 年 9 月 30 日に茨城県東海村のウラン加工施設で臨界事故が発生した。臨界状態とは，核分裂の連鎖反応が継続する状態のことであり，本来，原子炉内で起こるべき連鎖反応が，何の防護もない状態で起こってしまった。この事故で大量の放射線を浴びてしまった人の様子については克明に記録[2]が残っている。被ばく直後，見た目にはそれほどひどい傷害を負ったように見えなくても，DNA はバラバラに破壊されてしまった。

　われわれの体は普段，気付かないうちに新陳代謝を繰り返している。DNA が破壊されると，生命の設計図が失われ，新たな細胞が作られないため，被ばくから数か月して体が朽ちていってしまう。皮膚がはがれおち，内臓の表皮もやがて機能を失い，出血する。免疫系も壊されるので感染症にもかかりやすくなってしまう。

　このような大量の放射線を浴びるということは，めったに起こらないことだが，その後，東日本大震災による福島第一原子力発電所の事故があったため，原子炉内で厳重に隔離されていた大量の放射性物質がまき散らされることになった。これにより放射線の問題は残念ながら身近な問題となってしまった。

62   第7講 放射線と環境

被ばくには外部被ばくと内部被ばくがある。外部被ばくは体の外から放射線を浴びることであり，内部被ばくは放射性物質を体内に取り込んでしまうことである。α線は電離能力が大きいが，その分，透過力が小さいので，外部被ばくについては，それほど心配ではない。しかし，α線を出す放射性核種が体内に入ってしまうと，電離能力が大きいα線を近距離で浴び続けることになってしまい，重篤な傷害の発生につながる。

7.4　放射線のモニタリング

目に見えない放射線を測定する装置はさまざまな種類がある[3]。気体検出器としては，イオン電離箱（イオンチャンバー），比例計数管，ガイガーミュラー（GM）計数管があり，いずれも放射線による気体の電離作用を電気信号として検出するもので，印加している電圧が異なるだけである。

これらよりも高感度な検出器として，シンチレーション計数管がある。シンチレーション計数管に放射線が入ると，放射線のエネルギーにより蛍光物質が励起状態になり，基底状態に戻るときに発する蛍光パルスを光電子増倍管で電気パルスとして検出するものである。

しかし，放射性物質の核種ごとの定量を行う場合には，エネルギー分解能が必要になる。核種ごとに放出する放射線のエネルギーが異なるためである。**半導体検出器**（solid state detector, SSD）は高いエネルギー分解能を持っており，核種ごとの定量を行うことができるが，液体窒素で冷却しなければならず，大型な装置となる。

このほか，放射線量の高いところで作業する場合には，ガラスバッジやポケット線量計などを用いて，個人の被ばく線量を記録することになっている。前述したように，短期間に大量の放射線を浴びるのは良くないので，被ばく線量の管理が重要となる。

原子炉から放出された放射性核種以外にも，もともと放射性核種は自然に存在している。^{238}U の半減期は 45 億年，^{235}U は 7 億年，^{232}Th は 141 億年，^{40}K は 12 億年と長いので，宇宙誕生の際の元素合成により生成した放射性核種が今も存在しているのである。

それ以外にも宇宙からは地球に宇宙線が飛来している。宇宙線は上空へ行くほど増加するので，飛行機に乗ることでも被ばくする。東京からニューヨークまで飛行機で往復すると 0.19 mSv ほどの被ばく線量といわれている。

現在，地球上の人々が 1 年間に平均して 3.4 mSv の放射線量を浴びている。このうち，自然放射線による被ばくが 2.4 mSv で，人工放射線による被ばくが 1.0 mSv であり，人工放射線はほとんどが医療診断用によるものである。しかし，自然放射線は地域による差が大きい。ブラジルのグァラパリという都市は自然放射線量が高いことで有名で 1 年間に 10 mSv といわれている。

7.4 放射線のモニタリング 　63

　もともと自然放射線は存在するため，原子炉から放出された放射性物質のことを考える際には，このようなバックグラウンドの放射線に対して，どれぐらい増加しているのかを併せて考える必要がある。

例題 7.1

　以下の言葉について，組み合わせて説明せよ。

　　　吸収線量，等価線量，実効線量，放射線荷重係数，組織荷重係数，〔Gy〕，〔Sv〕

【解答例】

　吸収線量に放射線荷重係数をかけたものが等価線量で，等価線量に組織荷重係数をかけたものが実効線量である。吸収線量の単位が〔Gy〕で，等価線量と実効線量の単位が〔Sv〕である。

例題 7.2

　原子炉から放出された放射性核種のうち，^{90}Sr は半減期が 29 年と長いので重要である。^{90}Sr は β^- 壊変するが，透過力の大きい γ 線はほとんど放出しないので検出がやや難しい。^{90}Sr が β^- 壊変してできる核種はなにか。

【解　答】

^{90}Y

例題 7.3

　陽電子は電子の反粒子であるため，陽電子と電子が衝突すると消滅してしまう。このとき，電子と陽電子の質量がなくなるため，特殊相対性理論から，その質量はエネルギーに変わる。具体的には，たがいに反対方向へ二つの電磁波を放出することになる。この電磁波のエネルギーをeV単位で求めよ。陽電子と電子の質量は 9.11×10^{-31} kg, 光の速度は 3.00×10^8 m s^{-1}，電気素量は 1.60×10^{-19} C とせよ。

【解答・解説】

　特殊相対性理論より

$$E = m c^2 = 2 \times 9.11 \times 10^{-31} \times (3.00 \times 10^8)^2 = 1.64 \times 10^{-13} \text{ J}$$

　このエネルギーを二つの電磁波（光子）で等分するので，一つの電磁波のエネルギーは，この半分になり，eV 単位で求めるためには電気素量で割って

$$\frac{1.64 \times 10^{-13}}{2 \times 1.60 \times 10^{-19}} = 5.12 \times 10^5 \text{ eV}$$

64   第7講　放射線と環境

[問題 7.1]

^{137}Cs の半減期は 30 年である。^{137}Cs の放射能が現在の 1/8 の量になるのは何年後か。

[問題 7.2]

自然放射線源と人工放射線源からの 1 人当りの平均年実効線量はそれぞれ何 Sv か。以下から正しいものを一つ選び，丸を付けよ。

（ア）自然 2.4 mSv，人工 10 mSv

（イ）自然 2.4 mSv，人工 1.0 mSv

（ウ）自然 24 mSv，人工 1.0 mSv

[問題 7.3]

放射線が生体に照射されると，遺伝子の DNA（デオキシリボ核酸）に傷害を与える。DNA を構成している 4 種類の塩基はなにか。

演 習 問 題

【7.1】　1 g の ^{226}Ra の放射能を求めよ。ただし，^{226}Ra の半減期は 1 600 年である。アボガドロ数は 6.02×10^{23} とせよ。

第8講
騒音，振動と環境

8.1 騒音と振動の概要

　騒音と振動は，環境基本法で定められた典型7公害のうちの二つである。他の五つは悪臭，地盤沈下，大気汚染，土壌汚染，水質汚濁である。じつは，典型7公害の苦情件数（全国の地方公共団体の公害苦情相談窓口で受け付けたもの）のうち，騒音に関する苦情は2番目に多く，騒音・振動に関する苦情件数は公害に関する全苦情件数の約20％を占めている[1]。発生源が多様で知覚しやすい身近な公害であることが，その原因として考えられる。

　1997年以降，ごみ焼却場のダイオキシン問題が注目され，大気汚染に関する苦情が1番多くなったが，それまでは騒音に関する苦情が最も多かった。騒音・振動に関する苦情は，発生源から近いものが多く，遠いものは少ないため，大気汚染や水質汚濁と比べて，局所的といえる。

　環境基本法では，「環境への負荷」について，「人の活動により環境に加えられる影響であって，環境の保全上の支障の原因となるおそれのあるもの」と定義している。また，人の健康を保護し，生活環境を保全する上で維持されることが望ましい環境基準が定められている。

8.2 音と振動の性質

　波には縦波と横波がある。縦波は振動方向と波の進行方向が同じものであり，横波は振動方向が波の進行方向に対して直角なものである。音波は縦波であり，局所的な空気の圧縮と膨張により，疎な部分と密な部分が波として伝わっていく疎密波である。光や電波などの電磁波は横波であり，波の進行方向に対して直角な方向に電場の波と磁場の波が振動している。電磁波が横波であることは，例えば，光の偏光現象からも実感できる。

　縦波は体積の変化に対して弾性が働く場合に起こり，弾性波とも呼ばれる。固体の場合には，体積と形の両方に弾性が働くので，縦波と横波の両方が伝わるが，液体や気体の場合には，体積の変化に対してのみ弾性が働くので，縦波のみが伝わる。

66   第 8 講　騒音，振動と環境

　ここで疑問に思わないだろうか。宇宙空間は光という電磁波が伝わっている。電磁波は横波である。横波は固体のみが伝える。では，宇宙空間は光を伝える固体で満たされているのであろうか。現代に生きる諸君は，そうではないことを知っているが，19 世紀までは，このような推論から，宇宙空間は光を伝えるエーテル（ether）という固体で満たされていると考えられていた。現代のような理解に至るには特殊相対性理論を待たなければならなかった。

　種明かしをすると，真空であっても電磁場は存在するので，電磁波は真空中でも伝わるのである。光が波であると同時に粒子（光子）としての性質を示すということからも，光が真空中を伝わることを説明できるであろう。ちなみに，エーテルは，英語の読み方ではイーサとなり，コンピュータネットワーク規格のイーサネットの語源となった。イーサネットのおかげでわれわれはインターネットにつながることができる。

　固体は縦波と横波の両方を伝えるが，横波のほうが縦波よりも伝わる速度が遅い。空気中での音の速さは気温によって変わり，気温が t ℃のときの音速 v は $v=331.5+0.6\,t\,\mathrm{m\,s^{-1}}$ で表される。物質によって波を伝える速度は異なる。密度の低い空気より，密度の高い水のほうが波を伝える速度は速い。伝播速度が異なる媒体へと音が進行する際には，光と同様に，屈折や反射が起こる。

　音の 3 要素として，高さ，強さ，音色があり，それぞれ，波の振動数，振幅，形と関連している。振動数は，1 秒間に繰り返される音波の 1 波長の数で，単位はヘルツ（Hz＝s^{-1}）で表す。低い音は振動数が小さい音であり，高い音は振動数が大きい音である。例えば，88 鍵のピアノの一番低い音は約 27 Hz，一番高い音は約 4 200 Hz の振動数になっている。

　1 オクターブ高い音は振動数が 2 倍になる。1 オクターブは半音 12 個からなるので，半音高い音は振動数が $2^{1/12}$ 倍，つまり 1.059 5 倍になる。1 オクターブが半音 12 個に分けられているのは，12 が約数の多い数字であることに関係していると思われる。

　音速を振動数で割ることで，音波の波長を求めることができる。音波のエネルギーは振幅の 2 乗と振動数の 2 乗に比例する。また，音波は球面上に広がるので，距離の 2 乗に反比例して減衰する。

　音の強さを表す単位としてデシベル〔dB〕が用いられる。これは電話を発明したベル（A.G. Bell）にちなんだ単位のベル〔B〕に 1/10 を意味する接頭辞デシ（d）をつけたものである。ベルは，物理量のレベル表現（基準となる量に対する比の対数で表した量）で，対数の底が 10 の場合である。しかし，ベルでは，値が小さすぎて使いづらいので，値を 10 倍したデシベルのほうがよく使われる。

　このような対数値が使われるのは，人間の感覚が刺激の強さの絶対量よりも，その対数に比例する傾向があるという，ヴェーバー‐フェヒナー（Weber-Fechner）の法則による。音の強さの場合，聞くことができる最小限の音の強さである $10^{-12}\,\mathrm{W\,m^{-2}}$ が基準となる。この

ときが 0 dB であり，10 倍になるごとに音の強さレベルは 10 dB 増える。

レベル表現なので，音の強さが 2 倍になっても，音の強さレベルは 2 倍になるわけではない。騒音レベルの目安を**表 8.1** に示す。

表 8.1 騒音レベルの目安

場所または音源	騒音レベル〔dB〕
聞くことができる最小限の音	0
ささやき	20
静かな公園，住宅地の昼間	40
普通の会話	60
繁華街	80
高架線ガード下	100

音圧は音による圧力の大気圧からの変動分であり，単位は〔Pa〕である。音圧の場合，健康な人間の最小可聴音圧である 20×10^{-6} Pa を基準とし，音圧レベルを表す。

音色は，音の波形の違いに関連し，JIS Z 8106 では「聴覚に関する音の属性の一つで，物理的に異なる二つの音が，たとえ同じ音の大きさ及び高さであっても異なった感じに聞こえるとき，その相違に対応する属性」と定義されている。振動数が近くて少し異なる音波が重なると，その振動数の差に相当する振動数で全体の振幅が変動するようになり，うなりと呼ばれる。

8.3 音 の 範 囲

人間が聞き取れる音の振動数の範囲は 20 Hz から 20 000 Hz といわれている。20 Hz 以下の音は超低周波音と呼ばれ，20 000 Hz 以上の音は超音波と呼ばれる。20 Hz から 100 Hz の音は低周波音という。人間が出せる声の高さの範囲は 80 Hz から 1 100 Hz といわれている。動物の種類によって，聞こえる範囲や声（音）の出せる範囲は異なっている。人間でも加齢により，特に，高い振動数の音が聞こえにくくなる。

音波は波であるので，屈折，反射，回折などを示す。波長の長い低い音は回折しやすいため，防音壁を乗り越えてしまうが，波長の短い高い音は相対的に回折しにくいため，防音壁で反射され，防音が容易である。

反射の際に，入射音のエネルギーの一部が音以外に変化する場合は，音が小さくなる。これが吸音である。防音室の壁は多くの穴が開いていたり，凸凹になっていたりするが，表面積を大きくして，吸音効果が得られるようにしている。雪は静かにしんしんと降り積もるが，雪は隙間の多い構造をしているので，音を吸収しやすいのである。

68   第8講　騒音，振動と環境

音による振動エネルギーを熱エネルギーに変える中間膜を挟み込んだ合わせガラスによって，音を吸収する防音ガラスも存在する。

振動数が 100 Hz 以下の低周波音や超低周波音は，反射，吸収が少なく，透過しやすい。また，回折しやすいため，防音壁を乗り越えて遠くまで伝わる。低周波音は不快感を与え，特に超低周波音は知覚できないにもかかわらず，健康に影響を与えるので厄介な問題である。冷蔵庫や空調の室外機などが超低周波音を出し，原因不明の体調不良に悩まされる可能性もある。

通常の騒音であれば，窓を閉め切ることにより低減できるが，低周波音は窓を閉め切っても透過してしまう。さらに，低周波音は圧迫感を与えるので，窓を閉め切るよりも，むしろ開けたほうが楽に感じることもある。

8.4　騒音と振動の測定

JIS Z 8731 では環境騒音の表示・測定方法が定められている。騒音は時とともに変動することがあるので，ある時間範囲 T について，変動する騒音の騒音レベルをエネルギー的な平均値として表した等価騒音レベルによって評価する。評価の時期は，騒音が 1 年間を通じて平均的な状況を呈する日を選定する。場所は，住居等の用に供される建物の騒音の影響を受けやすい面において，騒音レベルを評価する。

時間の要素も入ってくるので，測定時間に関する定義が必要になる。実測時間は，実際に騒音を測定する時間である。これに対して，騒音レベルを測定する際の対象とする時間を観測時間ということがある。観測時間は騒音の状態が一定と見なせる時間のことで，そのうち，実際に騒音を測定する時間が実測時間となる。

基準時間帯は，一つの等価騒音レベルの値を代表値として適用し得る時間帯で，対象とする地域の居住者の生活態様および騒音源の稼働状況を考慮して決める。長期基準期間は，騒音の測定結果を代表値として用いる特定の期間で，一連の基準時間帯からなる。

騒音の種類は，時間的な変動の状態によって**表8.2**に示す4種類に分類される。このうち，衝撃騒音には，個々に分離できる分離衝撃騒音と，レベルがほぼ一定できわめて短い間隔で

表8.2　騒音の種類

騒音の名称	内　　容
定常騒音	レベル変化が小さく，ほぼ一定と見なされる騒音
変動騒音	レベルが不規則かつ連続的にかなりの範囲にわたって変化する騒音
間欠騒音	間欠的に発生し，1回の継続時間が数秒以上の騒音
衝撃騒音	継続時間がきわめて短い騒音

連続的に発生する準定常衝撃騒音とがある。

周囲に騒音が存在すると，最小可聴値は上昇する。この増分をマスキング量という。妨害音によるマスキングは，音の大きさの知覚や音声認識などに影響する。

騒音計，振動レベル計は，特定計量器として指定されている。特定計量器は，計量法の対象となっている取引や証明に使用される。検定については有効期間があり，騒音計は5年，振動レベル計は6年となっている。

騒音については騒音規制法，振動については振動規制法が定められている。騒音規制法では，特定工場等に関する規制，特定建設作業に関する規制，自動車騒音に係る許容限度等が扱われている。

例題 8.1

1 dB 増えると音の強さは何倍になるか。また，音の強さが2倍になると，音の強さレベルはどうなるか。

【解 答】

10 dB 増えると音の強さは10倍になるので，1 dB（＝0.1 B）増えると音の強さは $10^{0.1}$ 倍つまり 1.26 倍になる。音の強さが2倍になると，音の強さレベルは $10 \times \log 2$ つまり 3 dB 増える。

例題 8.2

雷が光って3秒後に雷鳴が聞こえた。雷までの距離は何 m か。このときの音速を $340\,\text{m s}^{-1}$ とせよ。光の速度は音速と比べて充分速いので，光が到達する時間は無視してよい。

【解 答】

$$340 \times 3 = 1\,020\,\text{m}$$

例題 8.3

（1） 温度 20℃ の空気中で，440 Hz の音の波長は何 m か。

（2） 温度 2℃ の空気中で，880 Hz の音の波長は何 m か。

【解 答】

（1） $v = 331.5 + 0.6 \times 20 = 343.5\,\text{m s}^{-1}$

$343.5 \div 440 = 0.78\,\text{m}$

（2） $v = 331.5 + 0.6 \times 2 = 332.7\,\text{m s}^{-1}$

$332.7 \div 880 = 0.38\,\text{m}$

70   第8講　騒音，振動と環境

例題 8.4

A4（ラ）の音の周波数が 440 Hz であるとき，全音一つ上の B4（シ）の周波数はいくつか。

【解　答】

全音一つは半音二つ分であるので

$$440 \times 2^{2/12} = 493.9 \text{ Hz}$$

問題 8.1

音の 3 要素はなにか。

問題 8.2

音波のエネルギーは，距離によって，どのように変化するか。

問題 8.3

振動数の低い音と高い音で，防音が難しいのはどちらか。

問題 8.4

以下の文章で，四角の中に示した選択肢のうち，正しいものに丸を付けよ。

　振動方向と波の進行方向が同じ方向になって伝わっていく波が ア）縦波，イ）横波 であり，振動方向と波の進行方向が直角になって伝わっていく波が ア）縦波，イ）横波 である。音波は ア）縦波，イ）横波 であり，電磁波は ア）縦波，イ）横波 である。

演 習 問 題

【8.1】　JIS Z 8731 では単発的に発生する騒音についても考慮している。時間 T の間に発生する騒音の単発騒音曝露レベルから，つぎの式によって等価騒音レベルを計算できる。

$$L_{\text{Aeq}, T} = 10 \log\left(\frac{T_0}{T} \sum_{i=1}^{n} 10^{L_{\text{AE}, i}/10}\right)$$

ただし，T_0 は基準時間（1 s）であり，$L_{\text{AE}, i}$ は時間 T の間に発生する n 個の単発的な騒音のうち，i 番目の騒音の単発騒音曝露レベルである。

　他の騒音が無視できる静かな場所で，92 dB の単発騒音が 1 時間に 9 回観測された。この 1 時間の等価騒音レベルを求めよ。ただし，$\log 2 = 0.30$ とする。

第9講
水質汚濁と環境

9.1 水質汚濁の歴史的背景

　栃木県の足尾銅山を発生源とする足尾銅山鉱毒事件は日本の公害の原点といわれる。足尾銅山鉱毒事件では，精錬所からの亜硫酸ガス（SO_2）による大気汚染も起こったが，重金属が渡良瀬川に流れ込み，水質汚濁が発生した。1879年には，渡良瀬川で魚類数万尾が原因不明で浮上し，その後も同様の現象がたびたび発生した。これにより，渡良瀬川のアユやマスは激減することとなった。

　さらに，大気汚染や木材の乱伐によって，渡良瀬川上流の植生は失われ，保水力がなくなったために洪水も頻発するようになった。洪水によって，重金属で汚染された水が渡良瀬川流域に広がり，農作物にも決定的なダメージを与えた。鉱毒防止を求める声が高まる中で，1900年に「川俣事件」が起こった。対策請願のため上京しようとした被害農民1万人が利根川河畔の川俣で警官隊と衝突して多数が拘束された。

　こうした事態を憂えた地元出身の代議士であった田中正造は，代議士を辞職して明治天皇に鉱毒被害を直訴までした。足尾銅山事件に続いて，日立，別子，小坂の各銅山でも同様の鉱毒事件が発生した。足尾銅山が閉山されたのは1973年である。

　1922年には，富山県の神通川流域で奇病が発生した。患者は骨がもろくなって，少しの動きでも骨折してしまい，「痛い，痛い」と泣き叫んだ。このことから「イタイイタイ病」と名付けられた。この病気の原因がカドミウムであることがわかったのは1955年のことであった。

　神通川上流の神岡鉱山で亜鉛の採掘の際に，鉱石中に混在しているカドミウムが溶け出し，神通川に流れ込んだ。カドミウムは米に蓄積されやすく，カドミウムで汚染された米を食べ続けた流域住民は徐々にイタイイタイ病を発症するようになっていった。イタイイタイ病では，疫学的手法（疾病患者とそうでない人の食生活などを統計比較調査して原因を突き止める方法）が公害病認定に有効であった。

　ここで出てきた銅，カドミウム，亜鉛などの元素は地球化学的によく似た挙動を示し，**親**

72   第9講　水質汚濁と環境

銅元素(chalcophile element)に分類される。いずれも硫化物として沈殿しやすい元素であり，硫化物鉱床として共存しやすい。鉛なども同じグループに含まれる。

　硫化物鉱床が採掘されると，硫化物が酸素に触れるため，酸化を受けることになる。例えば，天然によくある硫化物として黄鉄鉱（FeS_2）があるが，黄鉄鉱が酸化されると，以下[1]のように硫酸が生じて強酸性となり，この酸性排水も鉱毒の一部となる。他の硫化物であっても，やはり還元態の硫黄が酸化されて硫酸を生じる。

$$4FeS_2 + 15O_2 + 14H_2O \rightarrow 4Fe(OH)_3 + 8H_2SO_4 \tag{9.1}$$

　足尾銅山鉱毒事件もイタイイタイ病も，鉱山での鉱石の採掘とそれに続く精錬の課程で排出される鉱業排水によるもので，初期の公害は，このようなものを主としていた。第二次世界大戦後，日本は急速な復興を遂げ，1960年代には高度成長期に入ったが，環境問題よりも成長が優先されたため，公害被害が多発した。水質汚濁の面から見ると，工業排水による汚濁である。

　1956年に熊本県水俣湾で水俣病が起こった。1965年には新潟県阿賀野川流域で第二水俣病が起こった。いずれも工場排水に含まれていた有機水銀化合物が原因であった。水俣病，第二水俣病，イタイイタイ病に四日市ぜんそく（水質汚濁ではないが）を加えた四つが四大公害病と呼ばれている。

　そのほかの大規模な水質汚濁事件としては，1965年に起こった静岡県田子の浦港のヘドロ汚染がある。これは有機物を多く含む製紙工場からの排水により，還元的な環境になり，海水中の硫酸イオンが硫酸還元菌によって還元され，悪臭を持つ硫化水素が発生したものである。半反応式で書くと以下のようになる。

$$SO_4^{2-} + 10H^+ + 8e^- \rightarrow H_2S + 4H_2O \tag{9.2}$$

　われわれ人間も含めて好気的な呼吸をする生物は，酸素で有機物を酸化してエネルギーを得ているが，酸素が使い果たされて還元的な環境になると，硫酸還元菌は，硫酸イオンによって有機物を酸化してエネルギーを得る。このとき，硫酸イオンは逆に還元され，硫化水素となる。

　以上のような公害被害の多発により，政府は1967年に公害対策基本法を制定した。その後，1970年に水質汚濁防止法が制定され，翌1971年に水質汚濁の環境基準や，各工場や事業所などの排水に対して強制力を持つ排水基準が決められた。これらの対策によって鉱業排水や工業排水による水質汚濁は起こらなくなってきた。

　農業は工業よりも多くの水を使い，多量の農業排水が発生することになる。農業は人の口に入るものを作っているので，農業排水には危険なものは含まれないだろうと思うかもしれないが，農薬や化学肥料が含まれる可能性がある。農薬は自然の力で簡単に分解されず，水中生物にとって有害である場合が多い。

9.2 水質汚濁の指標と原因物質　　73

　化学肥料は窒素，リン，カリウムを含み，これらは植物に必須のものである。しかし，これらは農業排水に混入し，河川，湖沼，海域を汚濁することになる。カリウムは，植物に必要な量が自然に十分あるため制限因子とはなっていないが，窒素やリンは富栄養化の原因となる。富栄養化になるとプランクトンが異常増殖し，瀬戸内海の赤潮などの問題が発生する。

　一方，青潮も有機物などの負荷が大きくなると起こるが，赤潮とは発生機構が異なる。前述のように，有機物が多い還元的な海域では式（9.2）により硫化水素が発生する。硫化水素が酸素により酸化され単体の硫黄になることで，硫黄コロイドとして白っぽく見えるのが青潮である。赤潮でも青潮でも溶存酸素が少なくなるため，魚介類の大量死を引き起こすことがある。

　排水基準が決められて，鉱業排水や工業排水による水質汚濁が起こらなくなってきた現在，水質汚濁の一番の原因は一般家庭などから出る生活排水といわれている。2015 年度末で日本の下水道処理人口普及率は 78 ％で，都市部ほど普及率が高いが，一部の都道府県などでは，かなり普及率が低いところもある。

　下水道のない地域では，生活雑排水はそのまま河川に放流される。家庭から出る生活雑排水は洗剤や調理くずなどの有機物を含んでいるため，富栄養化につながることになる。

9.2　水質汚濁の指標と原因物質

　公共用水域（河川，湖沼，海域）の水質汚濁に係る環境基準は，人の健康の保護（健康項目）および生活環境の保全（生活環境項目）に関し，それぞれ定められている。なお，地下水は公共用水域に含まれず，地下水の環境基準は健康項目だけである。水質汚濁の指標としては，以下にあげるようなものがある。

　溶存酸素量（dissolved oxygen, DO）は，水に溶けている酸素の濃度を表す指標である。有機物が多いと，有機物の分解に酸素が消費されるので DO が小さくなる。DO が大きいほうがきれいな水といえる。水温 20 ℃での飽和酸素濃度は 8.84 mg/L である（**表 9.1**）[2]。魚類などの水生生物が生息できる最低限度の酸素濃度は 5 mg/L といわれている。

表 9.1　1 気圧での飽和酸素濃度

水温〔℃〕	飽和酸素濃度〔mg/L〕
0	14.15
10	10.92
15	9.76
20	8.84
25	8.11
30	7.53

74   第9講　水質汚濁と環境

生物化学的酸素要求量（biochemical oxygen demand, BOD）は，水中の有機物を微生物によって生物化学的に酸化分解する際に必要な酸素量(mg/L)を表す指標である。したがって，有機物が多いほどBODは大きくなる。水中の微生物による浄化作用を反映したものなので，河川の汚濁指標に使われる。

BODを調べるには，20℃で5日間置き，消費された酸素量を調べる。ただ，微生物の活性が下がる海水には適用できないし，プランクトンなどが多いと考えられる湖沼水にも適用できないので，海域や湖沼については，つぎのCODが代わりに用いられる。

化学的酸素要求量（chemical oxygen demand, COD）も水中の有機物の指標であるが，微生物ではなく，過マンガン酸カリウムや二クロム酸カリウムなどの酸化剤で化学的に酸化し，使われた酸化剤の量を酸素（mg/L）に換算して表したものである。BODのように数日間待つ必要はなく短時間で測定できる。

酸化剤として過マンガン酸カリウムを用いたものを COD_{Mn}，二クロム酸カリウムを用いたものを COD_{Cr} と書いて区別することもある。二クロム酸カリウムのほうが，酸化力が強いので，欧米では COD_{Cr} が広く用いられる。日本では，六価クロムに対する悪いイメージのせいか，COD_{Mn} がよく用いられる。1gの植物プランクトンは，COD_{Mn} で0.5gに相当する。

COD_{Mn} を測定する際には，まず過剰量の過マンガン酸カリウムを加え，それと等量になるシュウ酸ナトリウムを加えることで，COD_{Mn} に寄与する有機物をすべてシュウ酸ナトリウムに変える。その後，シュウ酸ナトリウムを過マンガン酸カリウムで滴定することにより COD_{Mn} を求める。過剰に用いた過マンガン酸カリウムをシュウ酸ナトリウムで直接滴定すると，赤紫色が透明になる終点を判定しづらいので，このような手順をとる。

浮遊物質量（suspended solid, SS）は，水中に浮遊している物質をろ過したときに，フィルター上に残る物質の量（mg/L）である。一般的に透明度が高ければSSは小さい。孔径が $1\mu m$ のガラス繊維フィルターでろ過し，水洗後，105〜110℃で2時間加熱乾燥し，放冷して質量を計測する。

SSの影響として，濁りや透明度などの水の外観を損なうこと，藻類の光合成を阻害すること，魚類のえらの閉塞死の原因となることなどがある。SSは，下水や工場排水などの人為的なものと天然の粘土鉱物に由来する微粒子からなっている。

水素イオン指数（pH）は，水質が酸性，中性，アルカリ性のいずれであるかを表す。pH $= -\log [H^+]$ で，中性であればpHは7である。7より小さければ酸性，7より大きければアルカリ性である。富栄養化していない清澄な淡水のpHは，通常，空気中の二酸化炭素が溶解しているため弱酸性である。植物プランクトンの生産が活発になると，水中の炭酸イオンが光合成で使われるので，pHが上昇する。

このほかに大腸菌群数なども指標となる。特に，大腸菌群数は人の糞尿の影響指標として

用いられる。水浴場の判定基準では，糞便性大腸菌群数が用いられている。

9.3　環境基準と排水基準

　水質汚濁防止法は，工場および事業場から公共用水域（河川，湖沼，海域）に排出される水の排出および地下に浸透する水の浸透を規制するとともに，生活排水対策の実施を推進すること等によって，公共用水域および地下水の水質汚濁の防止をはかり，もって国民の健康を保護するとともに生活環境を保全することを目的としている。

　また，工場および事業場から排出される汚水および廃液に関して人の健康に係る被害が生じた場合における事業者の損害賠償の責任について定めることにより，被害者の保護をはかることも目的としている。

　環境基準が努力目標であるのに対し，排水基準は，違反した工場などに対して，都道府県知事が改善命令や排水の一時停止命令を出して処罰できる。排水基準は，有害物質による汚染状態にあっては，排出水に含まれる有害物質の量について，有害物質の種類ごとに定める許容限度とし，その他の汚染状態にあっては，法律に規定する項目について，項目ごとに定める許容限度としている。

　上乗せ排水基準というものもあり，これは，都道府県が，全国一律の排水基準によっては環境基準の達成が困難と認められる区域において定める，より厳しい基準のことである。

　有機物による水質汚濁について，一例[3]を示す。三重県の英虞湾は 100 年以上続く真珠養殖で有名であるが，たびたび真珠貝の大量死が発生する。その原因の一つとして英虞湾の環境悪化があげられる。

　真珠養殖では，真珠貝の排せつ物など大量の有機物を含む排水が出る。英虞湾は海岸線が入り組んだ形状をしているので，波が穏やかであり，真珠貝の養殖には適しているが，水が入れ替わりにくいので，大量の有機物負荷と相まって還元的環境になりやすい。

　底質表面の 8 月の COD を長年にわたって調べた結果では，年によって増加したり減少したりはあるものの全体的に増加傾向にあった。また，COD は前年 8 月の気温と似たような増減を示した。気温が高くなると生物活動が活発になるので，COD が増加するのは理解できるが，なぜ COD の増減が気温変化に対して 1 年遅れるのだろうか。

　底質に含まれる鉄化合物を詳細に分析したところ，FeS_2 が見つかり，季節変動を調べると，春に減少し，夏，秋，冬は高水準であった。一方，底質上部の水の DO は冬に最大値を示し，夏に最小値を示した。FeS_2 は還元的な物質であるため，DO が高いと酸化されて分解するものと考えられるが，比較的安定なので，冬に DO が最大になった後，遅れて春に FeS_2 が減少したものと思われる。

76   第 9 講　水質汚濁と環境

このような時間差が積み重なって，COD の増減が気温変化に対して 1 年遅れたものと考えられる。この例でもわかるように，環境の変化に対してなにか対策をしたとしても，すぐには効果が出ないこともあるので，留意が必要である。

例題 9.1

BOD の測定は，日本とイギリスでは 5 日間が標準であるが，国によっては 7 日，10 日，14 日間など長期間が基準とされている。このような違いがあるのはなぜか。

【解答例】

日本とイギリスは島国であるので，上流の水源から海に達するまでの時間がほぼ 5 日間である。そのため，5 日間置いた酸素の減少量を BOD としているが，もっと大きく，内陸部から海まで水が達する時間がかかる国では，水中の有機物が河川中で微生物に分解される期間が 5 日間より長いので，BOD の測定において，5 日間より長い期間を基準としている。

例題 9.2

以下の言葉に対応する略称を右のア）～オ）の選択肢から選べ。

（1）　水素イオン指数　　　　　ア）　DO
（2）　浮遊物質量　　　　　　　イ）　COD
（3）　溶存酸素量　　　　　　　ウ）　BOD
（4）　化学的酸素要求量　　　　エ）　SS
（5）　生物化学的酸素要求量　　オ）　pH

【解　答】

（1）　オ），（2）　エ），（3）　ア），（4）　イ），（5）　ウ）

問題 9.1

明治初期以降，鉱業用水，工業用水，生活用水が水質汚濁を引き起こしてきた。この三つを，主要な水質汚濁原因となった時期が古いものから新しいものの順に並べよ。

問題 9.2

水質汚濁防止法に関する以下の文章で，四角の中に示した選択肢のうち，正しいものに丸を付けよ。

この法律は，工場および事業場から公共用水域に排出される水の排出および地下に浸透

9.3 環境基準と排水基準 77

する水の浸透を規制するとともに，ア）生活排水対策，イ）工場排水対策 の実施を推進すること等によって，公共用水域および地下水の水質の汚濁の防止をはかり，もって国民の健康を保護するとともに生活環境を保全し，ならびに工場および事業場から排出される汚水および廃液に関して人の健康に係る被害が生じた場合における事業者の損害賠償の ア）金額，イ）責任 について定めることにより，被害者の保護をはかることを目的とする。

演 習 問 題

【9.1】 水試料 100 mL の COD を測定した。まず，5.00×10^{-3} mol/L の $KMnO_4$ 水溶液 10.0 mL を加え，沸騰水中で 30 分間加熱した。これに，1.25×10^{-2} mol/L の $Na_2C_2O_4$ 水溶液 10.0 mL を加え，よく撹拌した。ホットプレート上で約 80 ℃に加熱しながら，5.00×10^{-3} mol/L の $KMnO_4$ 水溶液で滴定したところ，滴定量 3.22 mL で赤紫色が消えなくなった。

（1） MnO_4^- は酸化還元反応で Mn^{2+} になる。このときの半反応式を書け。

（2） $C_2O_4^{2-}$ は酸化還元反応で $2CO_2$ になる。このときの半反応式を書け。

（3） MnO_4^- と $C_2O_4^{2-}$ の酸化還元反応をイオン反応式で書け。

（4） O_2 は酸化還元反応で $2OH^-$ になる。このときの半反応式を書け。

（5） 滴定で消費された $KMnO_4$ の物質量を求めよ。

（6） この水試料の COD を求めよ。ただし，O の原子量を 16.0 とする。

第10講
水の浄化と水資源

10.1 水 の 性 質

水（H_2O）は簡単な構造の分子で，地球ではありふれた物質であるが，他の物質とは異なる特徴を持っている。水のおかげで地球は生命の星となっているともいえる。

水は分子量が18と比較的小さいが，1気圧での沸点が100℃，融点が0℃と高い。分子量が大きいほど分子間力は大きいが，水は，分子量が小さい割には沸点や融点が高く，分子間力以外の強い力が分子間に働いているためと考えられる。蒸発熱（40.7 kJ/mol）も融解熱（6.01 kJ/mol）も大きく，これも分子どうしを結びつける強い力が働いていることを示唆する。

比熱（4.18 J/g・K）も大きい。比熱と蒸発熱が大きいことで，生体内で体温の保持・調節にも役立っているし，地球全体の温度変化を穏やかにしている。水が存在しない星では，昼夜の温度差が著しい。

固体の密度が液体の密度より小さいのも珍しい現象である。他の物質では，固体のほうが密集しているので，固体の密度が液体の密度より大きいものが多い。液体の水の密度も温度によって変わり，4℃の水で最大となる。冬場に池の表面が凍っても，底に4℃の水が沈み，水生生物は生きられる。

誘電率が大きく，電解質をよく溶かす性質がある。

これらの水の特異な性質は，おもに水の構造に由来する。水は酸素と水素が結合してできているが，酸素と水素は電気陰性度（電子を引き寄せる強さ）に差があり，酸素は大きく，水素はそれほどでもないため，共有結合とはいっても，電子は酸素のほうに偏っている。このため，酸素はマイナスに偏り，水素はプラスに偏る。電荷が偏った酸素や水素が，他の分子の持つ反対符号の電荷と引き合うために分子間に強い結合が生じる。これが水素結合である。

一方，有機溶媒などはおもに炭素と水素が結合してできているが，炭素と水素は電気陰性度の差が小さいので分極しにくいという違いがある。水は折れ線型の構造をしているために，

分子全体でも電荷の偏りがある。水の中の酸素には非共有電子対が2組みあるので，2組みの水素との共有電子対と合わせて4組みの電子対を空間的に離して配置しようとすると，4面体型の配置になる。そのうちの共有電子対だけを見ているので折れ線型に見えるのである（図 **10.1**）。

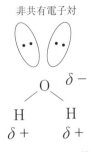

図 10.1　水分子の構造

水が凍るときは，このような折れ線型の水分子が水素結合で結合していくので，隙間の大きい構造をとって，固体の密度が小さくなる。

10.2　世界と日本の水資源

地球全体での水の量は約 14 億 km^3 であるが，その 97.5 % が海水で，淡水はたったの 2.5 % である。さらに，その淡水の約 70 % は南極・北極などの氷であり，地下水，河川水，湖沼水として存在するものは全水量の約 0.8 % である。人間が直接利用できる淡水の河川水や湖沼水はさらに少なく 0.008 %，量にして約 10 万 km^3 であり，水資源はかなり限られているといえる[1]。

日本の年間降水量は全国平均で約 1 800 mm であり，世界平均の約 2 倍となっている。しかし，日本の河川は短く急峻であるため，台風や梅雨による大量の降水は利用されないまま短時間で流れ去ってしまう。また，人口密度が高いので，1 人当りの水資源量としては多いとはいえない。「湯水のように使う」は，大量に使うことを意味する慣用句であるが，それほど無駄遣いできるようなものではない。

水の利用は，農業用水が 6 割，工業用水と生活用水がそれぞれ 2 割といった割合である。生活用水は日常生活に用いられる水である。現在，日本人 1 人が 1 日に使う水の量は約 300 L といわれている。1965 年には 170 L であったが，生活水準の向上などにより 1975 年頃まで使用量が急速に拡大し，その後は変化量がゆるやかになっている。

水不足の解決策の一つとして海水の淡水化があるが，その方法としては，加熱・蒸留によ

80   第10講　水の浄化と水資源

り真水を得る方法と，逆浸透膜を使って海水から塩分をこしとる方法がある。前者はエネルギーを大量に使うため，後者の方法が世界の主流となっている。

　人間の体は約60％が水であり，1日に約2.5 Lの水を摂取し排泄している。排泄は尿が最も多いが，呼気や皮膚から蒸散される不感蒸散も1 L弱ある。摂取のほうは，飲用水と食物から約2.2 L摂取しているが，それ以外に，体内で糖質，脂質，タンパク質を酸化してエネルギーを得る際に副生する代謝水が約0.3 Lある。

10.3　水質と生活排水

　水には**硬度**という数値がある。これは水中のカルシウムイオンやマグネシウムイオンの濃度を表す。アメリカ式とドイツ式があり，現在の日本ではアメリカ式を用いることが多い。アメリカ式硬度の計算方法は，カルシウムイオンとマグネシウムイオンの濃度を炭酸カルシウムに換算した値を〔mg/L〕の単位で表す。ドイツ式では，カルシウムイオンとマグネシウムイオンの濃度を酸化カルシウムに換算して100 mL中に何mg含まれるかで表す。

　日本の水は軟水が多いのに対して，ヨーロッパの水はほとんどが硬水である。これは地質の違いによる。日本の軟水に慣れている人が硬水を飲むと下痢を起こすことがある。硬水は石けんの泡立ちが悪いため，ヨーロッパでは，洗濯物を叩きつけて洗うドラム式の洗濯機が広まった。

　生活用水のほとんどは一度使われると生活排水になる。生活排水は，し尿排水とそれ以外の生活雑排水に分けられる。生活雑排水は台所，ふろ，洗濯機などから出る排水である。生活排水は有機物を含む。有機物による水質汚濁の指標としてはBODがよく用いられる。BODは濃度であるが，濃度に体積をかけたものが汚濁負荷である。

　1人1日当りのBOD汚濁負荷は約50 gであり，そのうち，3割がし尿排水，7割が生活雑排水による。生活雑排水の中では，台所から発生するものが最も多く，ふろ，洗濯と続く。したがって，家庭でできる排水対策としては，調理くずや残飯などを抑える台所での対策が最も効果的といえる。

10.4　水　の　浄　化

　水の浄化は，浄水場と下水処理場で行われる。浄水場では，まず，河川や湖沼の水を沈砂池に入れ，土砂を沈殿させる。

　つぎに，沈殿池でポリ塩化アルミニウム（PAC）や硫酸バンド（硫酸アルミニウム）などの凝集剤を加えて，浮遊物質を凝集させて沈殿させる。天然に存在する微細粒子は一般にマ

イナスの電荷を持っているので，たがいに反発して凝集しないが，凝集剤に含まれるAl^{3+}などが懸濁粒子の電荷を中和することで，凝集してフロック（塊）になる。また，生成する水酸化アルミニウムも粒子を吸着する。

　フロックを沈殿させた後，ろ過池で砂層を通して，ろ過し，塩素殺菌を行って水道水とする。水道法では，水道水は蛇口から出たときに 0.1 mg/L 以上の残留塩素を含んでいなければならない。ろ過には，急速ろ過方式と緩速ろ過方式がある。

　急速ろ過方式では，沈砂池で土砂を沈殿させた後，前塩素処理として，塩素でアンモニア，マンガン，有機物などを酸化分解する。その後，凝集剤を加えてフロックを沈殿させ，急速ろ過池でろ過（流速 120 m/日）し，最後に再び塩素で殺菌を行う。

　緩速ろ過方式では，薬品を使わず，流速 4 ～ 5 m/日とゆっくりろ過するので，処理水の質はよいが，急速ろ過方式に比べて浄水場の面積が 30 倍ほど大きくなってしまう。このため，大都市圏では現在，緩速ろ過方式はほとんど採用されていない。

　多くの都市部は河川の中・下流域にあるので，水道の原水には藻類による有機物，流域の農地からの肥料や農薬，工場排水，下水処理水に残存する物質などが存在する。浄水の際には必ず塩素を加えるが，塩素と有機物が反応して有害なトリハロメタンが生成される。トリハロメタンはメタン（CH_4）の三つの水素原子がハロゲンの F，Cl，Br などになったものである。

　一般にカルキ臭といわれるのは，実際には塩素の臭いでなく，塩素とアンモニアが結合してできたクロラミンという物質の臭いである。原水中のアンモニアなどが多いほど，カルキ臭が強くなる。

　夏場には，水道水のカビ臭について苦情が多く寄せられる。カビ臭の原因は，湖やダム貯水池などに発生する植物プランクトンである。

　以上のような問題から，高度浄水処理を行っている浄水場もある。これまでの浄水過程はおもに沈殿，ろ過，塩素処理であったが，これにオゾン（O_3）や活性炭による処理を加えたものが高度浄水処理である。オゾンは酸化力が強く，トリハロメタン，カビ臭，農薬などを酸化分解できる。活性炭は表面積がきわめて広く，表面に物質を吸着したり，表面で微生物が物質を分解したりすることができる。

　高度浄水処理施設は有効であるが，維持管理費が高額になる。また，高度浄水処理にも限界があるので，原水をきれいに保つことは重要である。上流から下流まで流域全体で総合的に水質を保全する必要がある。最近では，安全でおいしい水のために，家庭で浄水器を導入したり，水道水ではなく市販のミネラルウォーターが飲まれたりという傾向が広がっているが，水道水に対する信頼が揺らいでいるともいえる。

　下水道が普及している都市部では，下水は下水処理場で浄化される。下水道には合流式と

分流式がある。合流式は，家庭排水と雨水を同じ管で流す方式であり，東京や大阪などの大都市部に多い。分流式は，家庭排水と雨水を別々の管で流す方式であり，1970年代以降に主流となっている。合流式では，台風や集中豪雨の際には，下水処理場の処理能力を超えるので，処理せず，そのまま大量の雨水で希釈して流してしまうという問題点がある。

　それぞれの市町村が下水を処理するのが公共下水道であり，いくつかの市町村の水を集めて処理するのが流域下水道である。下水処理場では，まず，最初沈殿槽で沈殿しやすい物質を除去する。これが1次処理である。

　1次処理後の2次処理は通常，活性汚泥槽で行われる。この槽では，下水に空気を送り込み，好気性微生物を繁殖させる。好気性微生物は増殖するために酸素が必要なものであり，これに対して，酸素が必要でないものが嫌気性微生物（硫酸還元菌など）である。繁殖した微生物は，下水中の有機物を酸化分解しながら増殖し，フロックとなって沈殿する。これが活性汚泥と呼ばれる。

　活性汚泥槽で6〜8時間程度かけて処理した下水は最終沈殿槽に行き，活性汚泥が取り除かれる。一部の活性汚泥は再利用される。残りの活性汚泥は余剰汚泥として処理される。最終沈殿槽の上澄みは塩素殺菌をして2次処理水となる。2次処理水は公共用水域に流せるが，工業用水などとして再利用されることもある。いずれにしても2次処理の主役は微生物である。

　活性汚泥法は有機物の分解に有効であるが，栄養塩となる窒素，リンの除去には有効でない。これは，微生物の細胞では，炭素の割合が約50％と高いのに対し，窒素は約15％，リンは約3％と低いため，この構成比以上には窒素とリンを取り込まないからである。過剰な窒素やリンは2次処理水に残り，富栄養化の原因となる。このため，窒素とリンを取り除く3次処理が行われることがある。

　3次処理では，まずリン酸イオン（PO_4^{3-}）の形で存在するリンを除去するため，消石灰（$Ca(OH)_2$）を加えて，ヒドロキシアパタイト（$Ca_5(PO_4)_3(OH)$）として沈殿させる。つぎにアンモニウムイオン（NH_4^+）の形で存在する窒素を除去するため，消石灰を過剰に加えてアルカリ性にすると，アンモニア（NH_3）の気体として揮散させることができる。

　さらに，二酸化炭素を吹き込むことで中和するとともに，炭酸カルシウムとして過剰のカルシウムイオンを沈殿させる。最後に，活性炭で有機物を吸着し，塩素殺菌することで，十分な水質の排水になる。

10.4 水 の 浄 化　83

例題 10.1

トリハロメタンに該当しない物質はつぎのうち，どれか。

（1）　クロロホルム

（2）　ブロモホルム

（3）　トリクロロエチレン

（4）　ジブロモクロロメタン

【解答・解説】

（3）：メタンの三つの水素が，クロロホルムでは三つの塩素，ブロモホルムでは三つの臭素，ジブロモクロロメタンでは二つの臭素と一つの塩素になっているが，トリクロロエチレンは，もともとメタンの骨格ではなく，エチレンの骨格である。

例題 10.2

以下の問に答えよ。

（1）　ラーメンの汁の BOD 濃度は 25 000 mg/L である。ラーメンの汁 200 mL を捨てたときの汚濁負荷は何 mg か。

（2）　（1）で求めた汚濁負荷を酸素濃度 5 mg/L の水で完全に酸化分解するには何 L の水が必要か。

【解　答】

（1）　$25\,000 \times 200 \div 1\,000 = 5\,000$ mg

（2）　$5\,000 \div 5 = 1\,000$ L

問題 10.1

生活雑排水とはどのようなものか。

問題 10.2

地球上にある水のうち淡水は何％を占めるか。以下から正しいものを一つ選び，丸を付けよ。

　　　ア）　50.0 %，　イ）　25.0 %，　ウ）　2.5 %

問題 10.3

人体に水はどのくらい含まれているか。以下から正しいものを一つ選び，丸を付けよ。

　　　ア）　10 %，　イ）　30 %，　ウ）　60 %

84　　第 10 講　水の浄化と水資源

問題 10.4

　人は 1 日にどのくらいの水を摂取したり排泄したりしているか。以下から正しいものを一つ選び，丸を付けよ。

　　ア）　25 000 mL，　イ）　2 500 mL，　ウ）　250 mL

問題 10.5

　生体内で水は体温の保持・調節に重要な役割を果たしているが，これは水のどのような性質によるか。二つあげよ。

演 習 問 題

【10.1】　以下の問に答えよ。ただし，原子量は，$H = 1.0$，$C = 12.0$，$O = 16.0$，$Mg = 24.3$，$Ca = 40.1$ とせよ。

（1）　ブドウ糖（$C_6H_{12}O_6$）を完全に代謝すると CO_2 と H_2O になる。この H_2O が代謝水である。100 g のブドウ糖を完全に代謝したときに生成する代謝水は何 g か。

（2）　ある水の Ca 濃度と Mg 濃度を定量したところ，それぞれ 80 mg/L と 26 mg/L であった。硬度（アメリカ式）を求めよ。

【10.2】　BOD 2 mg/L，毎秒 10 m³ の流量の川に，BOD 20 mg/L の排水処理水を毎秒 1 m³ 排出したとき，混合後の河川の BOD は何 mg/L か。

第11講
土壌・地下水の汚染

11.1 土壌の分類

　土壌は,岩石の風化した粒子状の鉱物に,動植物や微生物の遺体の分解物である有機物(**腐植**)が混じり合ったものである。このうち,鉱物は粒子径により,**表11.1**のように分類されている。

表11.1 土壌粒子の分類

礫（れき）	大きさ（直径）が 2.00 mm 以上のもの
粗砂	大きさ（直径）が 2.00 〜 0.20 mm のもの
細砂	大きさ（直径）が 0.20 〜 0.02 mm のもの
微砂	大きさ（直径）が 0.02 〜 0.002 mm のもの
粘土	大きさ（直径）が 0.002 mm 以下のもの

11.2 植物にとって良好な土壌

〔1〕 団粒構造の発達

　よい土壌は,**図11.1**に示したような**団粒構造**を持っている。**団粒**とは,微小な土壌粒子が,有機物などの作用で集まって,より大きな構造となったものをいう。これに対して,土壌粒子がばらばらの状態にあるものは単粒（単粒構造）という。団粒構造が発達すると,孔隙が

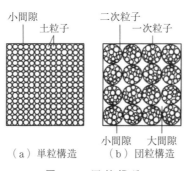

図11.1 団 粒 構 造

多く生まれ，保水性や通気性，通水性がよくなり，植物の生育に適した環境となる。

〔2〕 健全な生物相

植物に有害な病原菌が生息せず，空気中の窒素をアンモニアに変える有益な窒素固定菌などの微生物が存在する土壌がよい土壌である。また，小動物であるミミズは，長い腸管のなかで有機物を腐植に変え，土壌を肥沃にしている。

〔3〕 適当な養分

植物の生育には，窒素，リン酸，カリウムをはじめ，カルシウム，マグネシウム，そして，その他微量元素が必要である。このような成分がバランスよく含まれるのがよい土壌である。

〔4〕 適当な pH

植物の生育には，それぞれの種により最適な pH がある。とくに酸性の強い土壌は，植物にとって不適切で，以下のような不具合を起こす。

① 酸性が強いと，植物にとって有害なアルミニウムイオンが溶け出す。アルミニウムイオンは，リン酸の吸収を阻害するといわれている。

② 酸性が強くなると，土壌微生物の活性が著しく低下し，窒素の吸収が阻害されるといわれている。

③ 酸性が強い土壌は，重要な養分である，カルシウムやマグネシウムなどが少なくなっている。

④ 酸性が強い土壌では，大切な団粒構造が壊れやすくなる。

11.3　土壌汚染の現状

土壌汚染の特長は以下の三つにまとめられる。

（1） 土壌汚染の原因となっている有害な物質は，水の中や大気中と比べて移動しにくく，土壌中に長い間留まりやすい。したがって，いったん土が汚染されると排出をやめても長い期間汚染が続き，人の健康や生態系などに長い期間にわたり影響を及ぼす。

（2） 汚染の範囲は，水や大気の汚染と比べて局所的である。

（3） 揮発性有機化合物は，地下深くまで浸透しやすく，地下水に溶け出して，その流れに乗って汚染が広がるおそれが大きい。また，揮発性が高いため，地層中の空気を汚染し，大気へ放出されるおそれもある。

また，土壌中の汚染物質は次のようにして，人間に取り込まれると考えられる。

（1） 農地の汚染物質が作物に吸収され，人体に取り込まれる。

（2） 土壌の汚染物質が溶け出して地下水を汚染し，人体に取り込まれる。

（3） 汚染した土壌が，風に舞い上がり，口や鼻から直接取り込まれる。

11.4 農地の土壌汚染

　農地を汚染する重金属として，銅，カドミウム，鉛，水銀，ヒ素などが知られている。日本における土壌汚染の歴史は古く，明治初期に足尾銅山の銅などを含有する排水が渡良瀬川流域の農地を汚染し，農作物などへ大きな被害を与えた。1890 年の渡良瀬川の大洪水で銅製錬後の鉱さいが大量に流出したことによって被害が顕著となった。また，岐阜県神岡町（現・飛騨市）の神岡鉱山から排出されたカドミウムが神通川に流れ，灌漑用水に使用していた富山県の農地が汚染された。そこで産出された米を長年摂取した中高年の女性多数が，骨軟化症を発症（1922 年）した。患者が「いたい，いたい」と骨の痛みを訴えることから地元の萩野　昇医師が**イタイイタイ病**と名付けた。汚染米から多量に摂取したカドミウムが原因であった。

　また，宮崎県の土呂久鉱山では，1971 年，周辺の農地にヒ素による土壌汚染が明らかになり，問題となった。

〔1〕 カドミウム汚染

　カドミウムは，自然の鉱物の中に広く存在する有害な重金属元素である。日本では，鉛，銅，亜鉛の鉱山が多く存在しており，鉱石採掘や金属製錬の過程で，それらの鉱物に含まれていたカドミウムが環境中に排出されてしまう。したがって，鉱山周辺の農地は，カドミウムを多く含むようになる。

〔2〕 農薬の汚染

　農薬による農地汚染も問題となっている。**DDT** が殺虫剤として非常に効果的であることを発見したスイスのミュラー（Paul Hermann Müller）は，1948 年にノーベル賞を受賞している。DDT は製造コストも安いため，第二次世界大戦後，世界中で大量に製造，使用された。しかし，人の性ホルモンの損傷，神経障害，肝臓障害を起こすことが知られ，さらに，環境中で分解されにくい（土壌中では，3，4 年も分解されない）ため，1971 年に日本でも製造や使用が禁止された。同様に，**BHC**，**アルドリン**等の有機塩素系農薬や，有機リン系殺虫剤の**パラチオン**も続いて使用が禁止された。しかし，いまだに，農地から，微量ながら有害農薬が検出されている。

11.5 市街地の土壌汚染

　近年，市街地の工場跡地において重金属や有機塩素化合物の土壌汚染がたびたび発生している。**図 11.2** のように最近，増加傾向である。重金属としては，カドミウム，六価クロム，

88　第11講　土壌・地下水の汚染

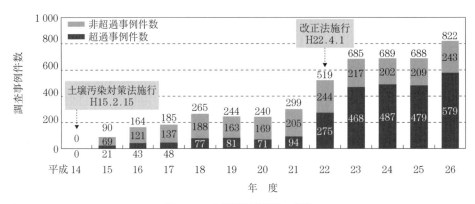

図11.2　土壌汚染事例数の推移
〔出典：平成28年版　環境・循環型社会・生物多様性白書[1]〕

鉛，水銀等が，有機塩素化合物としては，**トリクロロエチレン**やテトラクロロエチレン等の汚染が多い。有機塩素化合物は，分解されにくいため，地下に浸透して地下水汚染を引き起こすこともある。汚染源は，おもに，化学工場，電気メッキ工場，電気機器製造工場等である。

古くは，1973年に東京都が化学工場の跡地を購入し，住宅地として開発した後に六価クロムによる土壌汚染が見つかった。工場から発生したクロム鉱さいを埋め立てていたため，土壌が六価クロムに汚染されていた。対策費用は200億円以上と推定され，そのかなりの部分を工場が負担したとされる。

11.6　土壌汚染対策

1991年，公害対策基本法に基づいて，土壌の汚染に係る環境基準が設定され，2003年，画期的ともいわれる，土壌汚染対策法が施行された。その特徴は，以下の2点である。
（1）　土地所有者だけでなく原因者も含めて汚染除去を行う。
（2）　汚染地の情報は開示される。

その概要を**図11.3**に示した。また，指定されている汚染物質は**表11.2**のように，第1種から第3種までの特定有害物質に分類されている。

また，農用地の土壌の汚染防止等に関する法律により，農用地の汚染防止対策が行われている。**図11.4**は平成27年度までの汚染防止対策の推移である。汚染対策が進み，現在では，多くの地域で対策が完了している。

例えば，カドミウム汚染対策では，2015年の環境省調査によれば，調査地域325.00 haのうち，玄米については130地点中，3地域6地点で基準値（玄米中カドミウム濃度0.4 mg/kg）

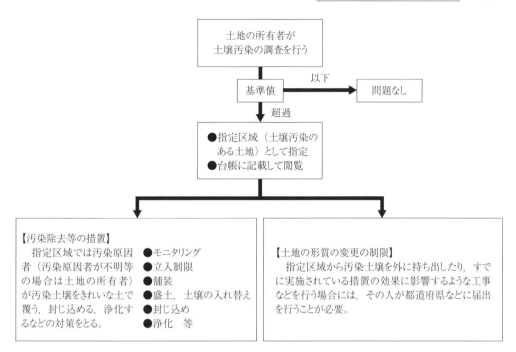

図 11.3 土壌汚染対策法の概要

表 11.2 土壌の汚染に係る環境基準（2017年現在）

第1種特定有害物質 (揮発性有機化合物類)	第2種特定有害物質 (重金属類)	第3種特定有害物質 (農薬類・PCB)
クロロエチレン 四塩化炭素 1, 2-ジクロロエタン 1, 1-ジクロロエチレン シス-1, 2-ジクロロエチレン 1, 3-ジクロロプロペン ジクロロメタン テトラクロロエチレン 1, 1, 1-トリクロロエタン 1, 1, 2-トリクロロエタン トリクロロエチレン ベンゼン	カドミウム及びその化合物 六価クロム化合物 シアン化合物 水銀及びその化合物 セレン及びその化合物 鉛及びその化合物 ヒ素及びその化合物 フッ素及びその化合物 ホウ素及びその化合物	シマジン チオベンカルブ チウラム ポリ塩化ビフェニル(PCB) 有機リン化合物

を超えるカドミウムが検出され，最高値は 0.73 mg/kg であった。また，土壌については 67地点で調査が行われ，最高値は 5.29 mg/kg であった。

これを特定有害物質別にみると，カドミウム関連地域は 97 地域 7 050 ha，銅関連地域は 37 地域 1 405 ha，ヒ素関連地域は 14 地域 391 ha となっている（重複あり）。

過去に鉱山や製錬所よりカドミウム汚染され，土壌汚染対策地域に指定された地域では，

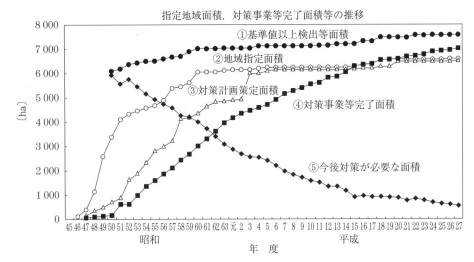

図11.4 農用地の汚染防止対策の推移
〔出典：平成27年度　農用地土壌汚染防止法の施行状況[2)]〕

土壌改良作業が続けられている。富山市・神通川流域において，**イタイイタイ病**を引き起こしたカドミウムによる汚染土壌では，土の入れ替えがすでに完了している。1979年から33年かかった国内最大規模の農地復元事業により，対象となった神通川流域の計863 haが，農地として復元された。復元後の玄米のカドミウム濃度は，食品衛生法で規定される安全基準 $0.4\,\mathrm{mg/kg}$ に対し，$0.09\,\mathrm{mg/kg}$ まで低下している。

　平成27年度末時点で土壌汚染対策地域は7 592 haとなり，そのうち，農用地土壌汚染対策事業等が完了している地域は7 038 haになり，92.7 %がすでに復元されている。

11.7　地下水汚染の現状

　地下水汚染は，以前は赤痢菌等の病原性微生物の汚染，農薬の**パラチオン**の汚染，さらに，シアンや六価クロム等の汚染が発生したが，一部地域の限定的なものであった。しかし近年では，DDT，**PCB**，**トリクロロエチレン**などの有機塩素化合物の地下水汚染が広い範囲で見つかり，大きな問題となっている。有機塩素化合物は浸透性があるため，汚染量が少なくても，地下水層へ到達して，地下水を汚染する。

　有機塩素化合物の汚染が初めて問題となったのは，1981年，シリコンバレーにある半導体工場の有機溶剤廃液タンクが腐食して漏出し，地下水が廃液で汚染された事例である。その後の調査で，漏出した廃液には，大量の**トリクロロエタン**が含まれており，工場に近い井戸から許容水準の800倍（5 800 ppb，〔ppb〕は10億分の1を示す単位）にのぼるトリクロロエチレンが検出された。また，離れた井戸でも有機溶剤が検出された。さらに，汚染水を

飲んだ周辺住民の間に心臓等に深刻な健康障害が発生した。日本でも，1983年，同様に兵庫県の電子機器工場のタンクから**トリクロロエチレン**が漏れ，周辺の地下水を汚染する事例が発生した。また，産業廃棄物の古い電気製品から，絶縁材と使用されていた**PCB**が漏れ，地下水へ浸透する事例もあった。

図11.5は環境省による，日本国内の井戸の調査結果である。平成27年度の調査では，8815本のうち，基準値超過は，窒素が3.5％，ヒ素が2.2％，フッ素が0.6％，鉛が0.1％となっている。問題となってきた，トリクロロエチレン，テトラクロロエチレンは，対策が進み，大幅に減少している。ここで，一番発生が多い，硝酸性窒素，亜硝酸性窒素は，肥料や家畜排泄物，未処理生活排水等が原因である。ヒ素は，鉱山周辺の一部井戸で見られる。環境基本法に基づいて，1997年，地下水の水質汚濁に係る環境基準が設定され，26物質が監視対象となっている。

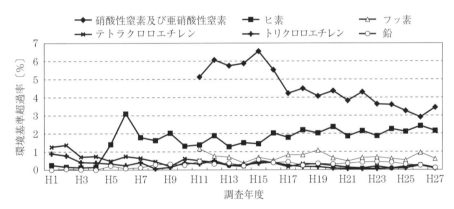

図11.5　概況調査における環境基準超過率の推移
〔出典：平成27年度版　地下水質測定結果[3]〕

11.8　汚染の仕組み

地下は，砂や礫による帯水層と呼ばれる層と，粘土やシルトによる難透水層と呼ばれる層が交互に積み重なっている。地下水はこの帯水層に蓄えられている。地下水は帯水層を横方向に，1日に数m程度移動しているが，移動速度が遅いため，汚染が長く続くことになる。

図11.6に示したように，重金属などは，その多くが，土壌層に吸収されるため，帯水層に到達するものは多くない。しかし，揮発性有機化合物は，浸透性が強く，帯水層まで到達しやすく，地下水汚染を招くことが多い。

第 11 講　土壌・地下水の汚染

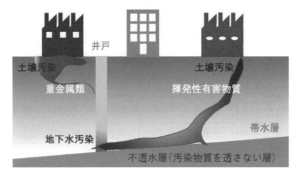

図 11.6　物質による地下水汚染の違い[4]

例題 11.1

土壌環境汚染に関する記述として，誤っているものはどれか。

（1）　市街地等の土壌の環境基準または指定基準を超える汚染が判明した事例は平成 26 年度で，500 例を超えている。

（2）　市街地等の汚染物質としては，鉛，ヒ素，フッ素が多く見られる。

（3）　農用地では，鉛およびその化合物が特定有害物質とされている。

（4）　汚染物質が基準値以上検出された農地に対する対策事業は，平成 27 年度末までに，約 70 ％が完了している。

（公害防止管理者試験，類題）

【解答・解説】
（4）：土壌対策は，かなり進んでおり，近年では汚染された農地の 90 ％以上が回復されている。

例題 11.2

環境省の平成 27 年度 地下水質測定結果に関する記述として，正しいものはどれか。

（1）　調査対象井戸のうち，環境基準を超過する項目が見られた井戸は 1 ％以下であった。

（2）　トリクロロエチレンは，10 ％以上の環境基準超過率があり，汚染が改善されていない。

（3）　環境基準を超過する割合が最も高いのは，硝酸性窒素および亜硝酸性窒素である。

（4）　ヒ素は，環境基準を超過する割合が 1 ％以下に低下し，汚染が大幅に改善されている。

（公害防止管理者試験，類題）

11.8 汚染の仕組み　93

【解答・解説】
（3）：地下水汚染はいまだに観測され，一番多い窒素汚染でも，全体の3.5％が基準値を超えている。ただし，トリクロロエチレンは1％以内になっている。なお，ヒ素はいまだに環境基準超過率が2％を超えている。

例題 11.3

つぎの説明文の（　　）に適切な用語を入れよ。

（1）　土壌汚染対策法の特長の一つは，汚染情報が（　　　　　　　　　）に記載され，閲覧できることである。もう一つは，汚染の除去責任が，土地所有者および（　　　　　　　　　）にあることである。

（2）　土壌の汚染に係る環境基準の第3種特定有害物質として，有機リン化合物の（　　　　　　　　　）などが指定されている。また，トリクロロエチレンやベンゼンなどは，（　　　　　　　　　）物質として指定されている。

（3）　水田の土壌の環境基準として，そこで収穫された玄米のカドミウム濃度が（　　　　　　　　　）以下が利用されている。

【解　答】
台帳，原因者，パラチオン，第1種特定有害，4 mg/kg

問題 11.1
農地のカドミウム汚染について，以下の用語を用いて200字程度で説明せよ。
　　　カドミウム，鉱山，人間活動，農地，神通川流域，復元，玄米中，環境基準

演　習　問　題

【11.1】　つぎの説明文には，3か所誤りがある。正しく書き直せ。

酸性の強い土壌は，植物にとって不適切で，以下のような不具合を起こす。一つ目は，植物にとって有害なアルミニウムイオンが溶け出し，カリウムの吸収を阻害するといわれている。二つ目は，土壌微生物の活性が著しく低下することである。そのためカルシウムの吸収が阻害される。三つ目は，重要な養分であるカルシウムや鉄などが少なくなることである。四つ目は，大切な団粒構造が壊れやすくなることである。

第12講
有害有毒物質

12.1　有害有毒物質と生体

　われわれの身の回りには生活を豊かにすべく，合成洗剤，医薬品，化粧品，農薬，殺虫剤，塗料，プラスチックや近年，発展が目覚ましく，いろいろな機能を持ち合わせた，新機能性高分子材料など数多くの製品があふれている。しかし，これらはすべて化学物質から作られており，化学物質はわれわれの生活には必要不可欠なものとなっている。このような有用な化学物質であっても，誤った管理や使用，また事故などによって深刻な環境汚染を引き起こし，われわれ人類のみならず地球上の生命体に多大な影響を及ぼすおそれがある。

　また，現在わが国では主食の米や麦などの穀物類，海産物や魚介類，肉類，生鮮野菜，果物，家畜の飼料など，あらゆる種類の食品が大量に海外から輸入されている。これに伴い，日本にはもともと存在しなかった，あるいは使用されていないか禁止されていた有害物質や農薬，有害微生物などが国内に持ち込まれ，私たちは気付かないうちに体内に取り込んでいる可能性がある。

　化学物質や微生物，ウイルスなどが有害作用を発現するには，生体に曝露することにより始まる。人の体内に取り込まれる経路は，飲料水や食品とともに口から取り込み，消化管から吸収される（経口），呼吸によって空気とともに肺から吸収される（経気道），皮膚や粘膜を通して体内に取り込まれる（経皮）という三つの主要な経路がある。

　物質（薬物）が体内に取り込まれ排泄されるまでの動きを**体内動態**（薬物動態）といい，吸収（absorption），分布（distribution），代謝（metabolism），排泄（excretion）の四つの過程からなっており，それぞれの頭文字をとって**ADME**と呼ばれている。口や呼吸から取り込まれた物質は消化管や肺から吸収され，血液循環により体内の各組織，器官に分布し，おもに肝臓や消化管粘膜などに存在する代謝酵素により酸化，還元，加水分解などの化学反応を受けて必要な栄養素やエネルギー源は取り込まれる。その後，尿や糞便，唾液，呼気，汗などとして体外に排泄される。この過程の中で，体組織のいろいろな成分と相互作用したり，体外に排泄されず組織に蓄積し，その組織の正常な機能を妨害したり，組織そのものを

破壊するような物質が**有害有毒物質**である。

　わが国では 1950 年代から 1960 年代にかけて有害有毒物質による公害問題を経験している。1955 年，富山県神通川流域で起きた，カドミウム（cadmium）が原因とされる**イタイイタイ病**。1956 年，熊本県水俣湾で起きた，有機水銀化合物（organic mercury）が原因とされる**水俣病**，同様に 1965 年，新潟県阿賀野川流域で起きた**第二水俣病**。1960 年，三重県四日市市の石油コンビナートの排煙である二酸化硫黄（sulfur dioxide）が原因とされる**四日市ぜん息**。これらは**四大公害裁判**といわれ，国の責任が裁判で問われている。さらに，1968 年頃，西日本を中心に広域にわたり発生した米ぬか油による食中毒事件の**カネミ油症**がある。原因は **PCB**（ポリ塩化ビフェニル，polychlorobiphenyl）や**ダイオキシン類**（dioxin）が混入したといわれている。また，近年では 1995 年に東京の地下鉄で起きたオウム真理教によるサリン事件や，1998 年に和歌山市で起きたヒ素入りカレー事件，さらに 2014 年に逮捕された青酸化合物による連続殺人事件などが記憶に新しい。

12.2　人に対する毒性の種類

　有害有毒物質の毒性は，一般毒性と特殊毒性に分類される。一般毒性とは血液や尿，組織，器官での疾患や異常のことで急性，亜急性，慢性毒性に分けられる。

　急性毒性：1 回の曝露または短期間の複数回曝露により短期間（終日〜2 週間程）に生じる毒性のこと。

　亜急性毒性：比較的短期間（通常 1 〜 3 か月程度）の連続投与により現れる毒性のこと。亜慢性毒性ともいう。

　慢性毒性：長期間（通常 6 か月以上）の連続または反復投与によって生じる毒性のこと。また，毒の強さは**表 12.1** のように **LD_{50}** で表すことができる。

　特殊毒性とは吸入や経皮などの特殊な投与方法によって現れる毒性や**変異原性**，**発がん性**，**生殖毒性**，**催奇形性**などの特殊な観察法によって評価される毒性のことをいう。

　免疫毒性：化学物質などの曝露により免疫系に悪影響を及ぼすことで健康被害が生じる。病原体や腫瘍細胞に対する抵抗性の低下を招く免疫系の抑制と，自己免疫疾患の悪化や過敏症（アレルギー）反応が引き起こされ得る免疫系の亢進がある。

　発がん性：化学的要因，物理的要因が遺伝形成を担う DNA や染色体に作用し，突然変異を誘発する性質のこと。

　変異原性：遺伝情報を担う遺伝子（DNA）や染色体に変化を与え，細胞または個体に悪影響をもたらす性質で，遺伝毒性ともいう。おもな変化としては，遺伝子突然

96 第12講 有害有毒物質

表 12.1 有毒物質の LD_{50}

ボツリヌス菌	0.000 01
ダイオキシン（TCDD）	0.001
テトロドトキシン（フグ毒）	0.1
ニコチン	1
アフラトキシン B_1（カビ毒）	1
アコニチン（トリカブト毒）	1.8
硫酸ストリキニーネ（アルカロイド）	2
青酸カリ	10
DDT（農薬）	100
食塩	4 000
エタノール	10 000

（LD_{50}（50 % Lethal Dose **半数致死量**）とは，ラットやマウスなどの動物実験の
半数が一定時間内に死亡すると推定される投与した薬物の量〔mg/kg 体重〕。）

変異，DNA 傷害や染色体異常などがある。このような異常を引き起こす物質は，
発がんに結びつく可能性があり，生殖細胞で起これば次世代の催奇形性・遺伝
病の誘発につながる可能性がある。

生殖毒性：雌雄両性の生殖細胞の形成から，交尾，受精，妊娠，分娩，哺育を通して，次
世代の成熟に至る一連の生殖発生の過程のいずれかの時期に作用して，生殖や
発生に有害な作用を引き起こす性質のこと。

催奇形性：妊娠中の母体にある物質を投与したときに，胎児に対して形態的，機能的な悪
影響を起こさせる毒性のことで発生毒性ともいう。

神経毒性：化学物質や放射線などの化学的あるいは物理的要因により神経細胞に作用する
毒のことで，ヘビやクモなどの生物が防御のために使用する毒に多い。摂取し
た場合，しびれや筋肉の麻痺，呼吸困難などの症状が現れる。神経毒にはテト
ロドトキシンやスロトキシンなどがあり，毒によって作用する部位が異なる。
また，生物によらない神経毒にはニコチンやサリン，さらには近年，社会問題
になりつつある違法ドラッグや麻薬などがある。

12.3 有害金属の毒性

われわれが日常生活において出会う可能性のある有害物質といえば，水質汚濁や土壌汚染
に関わる環境基準や水質基準，排水基準などで設定されている化合物である。この中で重金
属などの有害金属についての汚染は長年問題になってきた。

12.3 有害金属の毒性　97

12.3.1　カドミウム（cadmium：Cd）

　自然界では亜鉛鉱と一緒に産出する軽金属で，銀白色の柔らかい金属である。防錆メッキ，鉛合金，ウッド合金や顔料，さらにニッカド電池など，さまざまな工業製品に利用されている。米やシイタケなどの植物性食品に多く含まれる。体内に蓄積していく性質があるのでカドミウムを少量でも毎日摂取していると，やがて骨軟化症，肺気腫，腎障害，肝障害，蛋白尿などを引き起こし，母乳を介して乳児の体内にも移行する。イタイイタイ病は食品や飲料水を通じてカドミウムを摂取し続けた結果，起こった亜急性中毒公害である。また，日本は酸性土壌が多くカドミウムが溶解しやすい。このことより，日本産米のカドミウム濃度は他国に比べて高い傾向にある。われわれ日本人は米を主食としていることでカドミウム摂取量が多くなっている。このような状況の中で2012年，カドミウムが蓄積しない米の開発に東京大学のグループが成功している。

12.3.2　水銀（mercury：Hg）

　金属水銀，無機水銀，有機水銀の3種類に分類される。金属水銀は無臭で唯一常温・常圧下で流動性を持つ液体の金属で，他の金属とアマルガムという合金を形成する。20℃で気化し，水銀蒸気を吸入すると頭痛，痙攣，呼吸困難，手足の震えなどの中枢神経障害を引き起こす。身近には体温計や圧力計，蛍光灯，水銀灯，乾電池などに使用されている。無機水銀には，酸化水銀，硫化水銀などがあるが，特に強い殺菌性を持つ**塩化第二水銀**（mercuric chloride：$HgCl_2$）は，昇こうとも呼ばれており病院などで消毒液として使用されていた。これは呼吸などの経気道的に摂取すると腎障害を引き起こす。有機水銀のうちアルキル水銀（alkyl mercury）である**メチル水銀**（methyl mercury：CH_3HgX〔X：陰イオン〕）やフェニル水銀（phenyl mercury：C_6H_5HgX）は種子や木材の殺菌剤，アセチレン誘導体への触媒，農薬用殺菌剤として使用されていた。また，有機水銀を用いたマーキュロクリム液は赤チンの名称で殺菌・消毒剤として1973年まで製造・販売されていた。しかし，運動失調や構音障害，視野狭窄，感覚障害，脳障害などの**中枢神経障害**毒性が強く，熊本県での水俣病，新潟県での第二水俣病の原因物質として問題視され，現在では使用されていない。しかし，常備薬として求める声が多く，原料を輸入することで販売はされている。

12.3.3　鉛（lead：Pb）

　鉛は人体には必要のない有毒な物質である。1960年代に自動車用ガソリンのアンチノック剤として四アルキル鉛が使用され，鉛による大気汚染が広がった。現在も蓄電池やバッテリー，塗料・プラスチックの安定剤，陶磁器用顔料などに使用されている。無機鉛は骨に蓄積し，貧血，消化器障害，神経障害，腎障害などを引き起こす。また有機鉛は脂溶性で体内

98   第12講 有害有毒物質

に吸収されやすく，中枢神経障害を引き起こす。

12.3.4 ヒ素（arsenic：As）

地殻中に広く分布し，鉱石や化石燃料の採掘や金属の精錬時にも放出される。地殻中では三価で**亜ヒ酸**として存在することが多く，土壌や水中では酸化されて五価のヒ素で存在している。また，食品では海産物（ヒジキ，エビ，カニ）に有機ヒ素として多く含まれている。臓器や各組織にはあまり蓄積されず，ほとんど尿から排泄される。産業界では近年用途が広がり，他の元素と結合すると高性能な半導体として機能することから，発光ダイオードの高輝度化や携帯電話での画像伝達を実現したガリウム・ヒ素半導体，レーザプリンタやコピー機の感光体ガラス材料としてのセレン・ヒ素半導体など身近なところで使用されている。毒性は三価（亜ヒ酸）＞五価（ヒ素）＞有機ヒ素の順で有機ヒ素はほとんど毒性を示さない。亜ヒ酸の毒性が強く，急性毒性の初期症状は，悪心，嘔吐，腹痛，下痢，血圧低下等で，数日後から肝機能障害，2〜3週間後から四肢の感覚異常が認められる。慢性ヒ素中毒のおもな症状は，腹部や全身に認められる色素沈着と脱色，次いで手掌や足底が角化するなどの皮膚病変や末梢神経障害，皮膚がん発生等がある。

12.3.5 クロム（chromium：Cr）

空気や湿度にきわめて安定な硬い金属で，今日では日用品，装飾品など広く使用されている。通常，自然界には**三価クロム**の状態で存在しており，毒性はほとんど無視できる。毒性が強く，問題になっているのはクロム酸（chromic acid），重クロム酸（dichromic acid）などの**六価クロム**でメッキ，顔料，染料，防腐剤などに使用され工業的に産出される。毒性としては，鼻孔の周辺にかさぶたができたり，鼻出血を繰り返すなどの鼻中隔穿孔や肺がん，大腸がん，胃がんなどがあげられる。

12.4 有機化学物質の毒性

農 薬

世界人口の増加が進む中，食糧需要は年々増加の一途をたどり，農作物や食料資源の安定供給の為に，害虫駆除や品質維持，農作業の軽減を目的として農薬を使用してきた。現在，わが国の使用許可農薬登録数は約500種，世界で単位面積当りの農薬使用量ワースト3の中に入る農薬大国である。現在では，農薬の使用方法，残留農薬基準などの設定には科学的根拠に基づき，**農薬取締法**や**食品衛生法**などにより慎重に規定されている。しかし，輸入農産物の多様化，世界の新規農薬の増加に伴い，食品中に残留する農薬の安全対策は重要な課題になって

12.4 有機化学物質の毒性　99

いる。農薬は目的別に殺虫剤，殺菌剤，除草剤，植物生長調整剤などがあり，有機リン系，有機塩素系，有機硫黄系，カーバメート系，合成ピレスロイド系などに分けられる。

12.4.1　有機リン系農薬

　有機リン系農薬は，コリンエステラーゼの作用を阻害して，神経終末での神経伝達物質であるアセチルコリンの分解を阻害するため，アセチルコリンの過剰刺激様症状が現れる。代表的なものに**パラチオン**（現在は製造，使用禁止），**フェニトロチオン**，**マラチオン**などがあり（**図12.1**），おもに殺虫剤として使用されている。

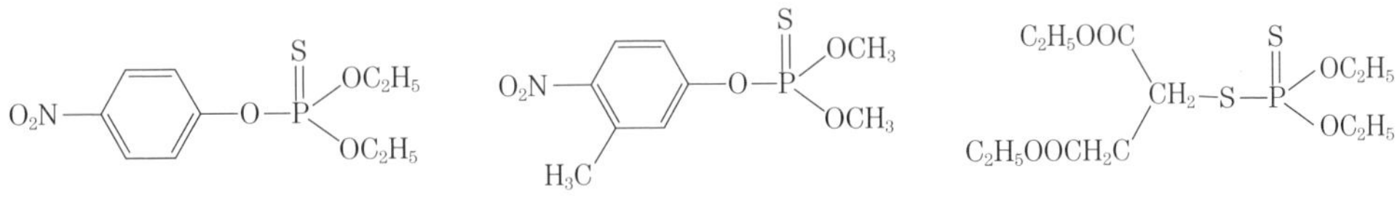

（a）パラチオン　　　　　（b）フェニトロチオン　　　　　（c）マラチオン

図12.1　有機リン系農薬の代表例の化学構造式

　有機リン系殺虫剤は害虫のみならず哺乳動物においても強い毒性を示すことより，毒物及び劇物取締法で特定毒物に指定されているものが多く，わが国では農薬としての使用が禁止されているものも多い。2008年中国製の冷凍餃子に混入されて食中毒事件となった，メタミドホスや1995年に東京の地下鉄で起こったオウム真理教によるサリン事件のサリンもこれらに分類される。

　これらに曝露されたときの症状としては，縮瞳（瞳孔が小さくなる），発汗，流涎（よだれ），筋攣縮（筋肉の痙攣）といった特徴的な症状に加え，血清および血球のコリンエステラーゼ活性が著しく低下することから，臨床症状だけでも診断できる代表的な中毒である。重症の場合では徐脈，呼吸障害，肺水腫，昏睡となり死に至る。

12.4.2　有機塩素系農薬

　一般に脂溶性が高く，難分解性のものが多い。そのため環境中に残留しやすく慢性毒性を有するものが多い。代表的なものにジクロロジフェニルトリクロロエタン（**DDT**），ベンゼンヘキサクロライド（**BHC**）などがある。殺虫力，持続性が強く，有機リン系農薬に比べ哺乳動物に対する毒性が弱いため，世界中で広く使用されていた。しかし，環境中での残留性が高く，動植物に蓄積され，食物連鎖による生物濃縮からの慢性毒性が問題となった。そのため1971年，わが国では第1種特定化学物質に指定され使用が禁止された。しかし，残留性が強いために過去に使用されたものが環境中に大量に残っており，残留性有機汚染物質として現在も問題となっている。

〔1〕 DDT（dichlorodiphenyltrichloroethane）

DDT（図12.2）は，農薬として使用される以前には，シラミやノミなどの衛生害虫の駆除剤として使用されていた。第二次世界大戦前後の衛生状態が悪化した時代において，シラミが原因の発疹チフスやハマダラ蚊が媒介するマラリアの伝染病予防に果たしたDDTの役割は大きい。また戦後，農薬としても稲の大害虫であったニカメイチュウや果樹・野菜の害虫の防除に広く使用されてきたが，DDTの分解物（DDE，DDA）が，環境中で非常に分解されにくく，また食物連鎖を通じて生物濃縮されることがわかった。そのためわが国では，1968年に農薬（製造販売）会社が自主的に生産を中止し，1971年には販売が禁止され，1987年には第1種特定化学物質（**化審法**）に指定され製造が禁止された。その一方で，マラリアが猛威を振るう亜熱帯や熱帯地域の多くの途上国ではDDTを必要としている。マラリアの感染予防には，マラリア原虫を媒介するハマダラ蚊の防除対策が重要となり，いまだにDDTに取って代わるだけの防除効果が高く，人畜毒性が低く，かつ安価な薬剤がないのが実情である。しかし，生態系に対して影響を示すことも明らかになっており，内分泌撹乱化学物質としても注目を浴びている。

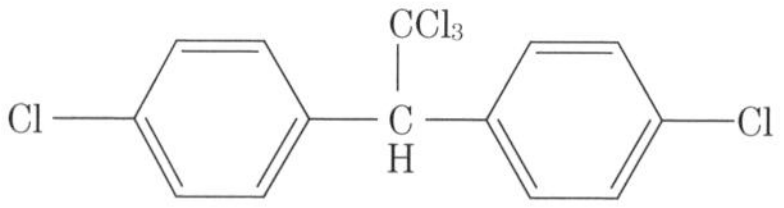

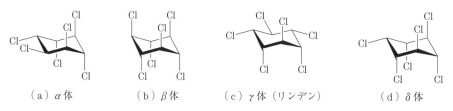

図12.2 DDTの化学構造式

〔2〕 BHC（benzene hexachloride）（正式名：HCH（hexachlorocyclohexane））

BHC（図12.3）には塩素の結合位置により六つの立体異性体が存在する。そのうち，γ体は**リンデン**と呼ばれ顕著な殺虫作用を有するが，生体内から早く代謝排泄されるため慢性毒性は弱い。それに対して，β体は化学的にも安定で殺虫作用も弱いが，残留性が高く，慢性毒性を有する。α，β，γおよびδ体の混合物が農薬として使用されていた。現在，わが国では農薬としての使用は禁止されている。

（a）α体　　（b）β体　　（c）γ体（リンデン）　　（d）δ体

図12.3 農薬に使用されていたBHCの立体異性体化学構造式

〔3〕 有機塩素環状ジエン（ドリン剤）

ドリン剤と呼ばれる殺虫剤にはアルドリン，ディルドリン，エルドリンの3種類がある（図

12.4）。アルドリンはシトクロム P450 による生体内酸化反応によりディルドリン，エルドリンになる。ディルドリンが最も強い殺虫作用を示す。1971 年に農薬としての使用は禁止され，1987 年第1種特定化学物質（化審法）に指定され製造が禁止された。

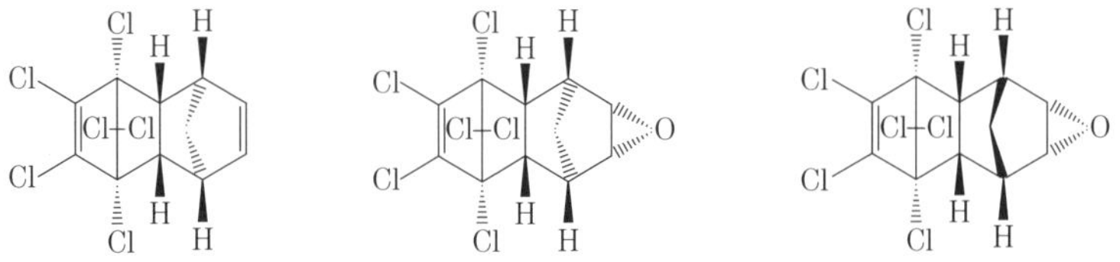

（a）アルドリン　　　　（b）ディルドリン　　　　（c）エルドリン

図 12.4　ドリン剤の化学構造式

［4］ その他の有機塩素系農薬

除草剤で使用されていた**フェノキシ酢酸誘導体**や**ペンタクロロフェノール**（PCP），シロアリ駆除剤として使用していた**ヘプタクロル**（クロルデン類）などがあげられる。特にフェノキシ酢酸誘導体はベトナム戦争で「枯れ葉作戦」に化学兵器として使用された暗い過去がある（**図 12.5**）。

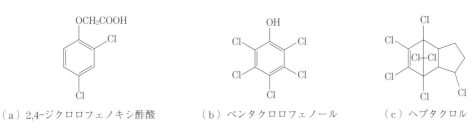

（a）2,4-ジクロロフェノキシ酢酸　　（b）ペンタクロロフェノール　　（c）ヘプタクロル

図 12.5　各種化学構造式

12.4.3　ポストハーベスト農薬

収穫（harvest）された後（post）に，収穫物である果物や穀物，野菜に散布する農薬のことで，外国へ時間をかけて運ばれる輸出農産物はその運送時間が長くかかるほど，運搬中に発生する害虫やカビによって品質を悪くして商品価値を下げてしまう危険性を伴う。また，万一カビが発生したものを口にした消費者が食中毒などを起こしたら大変な問題になる。それらを防ぐために使われるのが**ポストハーベスト農薬**である。食品に直接，さらに高濃度で散布されるため，その残留性が問題となっている。輸入農産物では生産国と日本との法的な規制基準の違いから，その安全性が問題視されてきた。わが国では 2003 年の食品衛生法の抜本的改正により，2006 年 5 月にポジティブリスト制が導入施行され，**農薬残留基準**が設定されていない農薬が一定量以上含まれる商品の流通が原則禁止されることになっている。

102　　第12講　有害有毒物質

12.5　ダイオキシン類

　一般に，ポリ塩化ジベンゾ-パラ-ジオキシン（poly chlorinated dibenzo-*p*-dioxin, PCDD）75種類とポリ塩化ジベンゾフラン（poly chlorinated dibenzo furan, PCDF）135種類をまとめて**ダイオキシン類**と呼び，コプラナーポリ塩化ビフェニル（コプラナーPCB：coplanar poly chlorinated biphenyl，またはダイオキシン様PCB）29種類（有毒性）のようなダイオキシン類と同様の毒性を示す物質をダイオキシン類似化合物と呼んでいる（**図12.6**）。

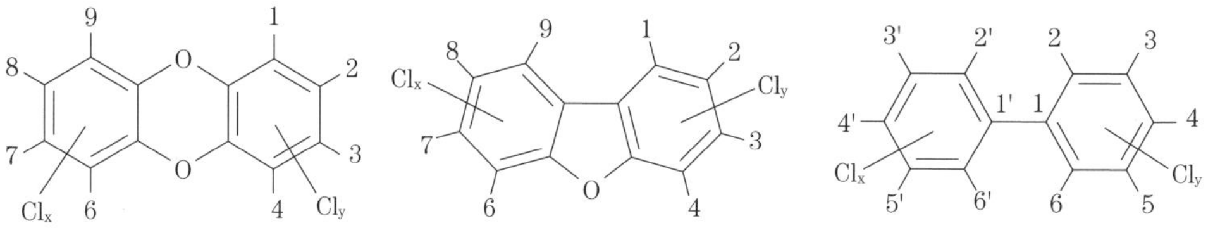

図12.6　ダイオキシン類の化学構造式

　ダイオキシン類は，毒性の強さがそれぞれ異なっており，PCDD$_s$のうち2と3と7と8の位置に塩素の付いたもの（**2,3,7,8-TCDD**：2,3,7,8-tetrachlorodibenzo-*p*-dioxin）がダイオキシン類の中で最も毒性が強い。ダイオキシン類は，通常は無色の固体で，水に溶けにくく，蒸発しにくく，脂肪などには溶けやすいという性質を持っている。また，酸やアルカリにも簡単に反応しない非常に安定した物質だが，太陽光の紫外線で徐々に分解される。最も毒性が強いとされる2,3,7,8-TCDDは，事故などの高濃度の曝露の知見から人に対する発がん性があるといわれている。しかし，ダイオキシン類自体の**発がん性**は比較的弱く，遺伝子に直接作用して発がんを引き起こすのではなく，他の発がん物質による遺伝子への直接作用を受けた細胞のがん化を促進する作用があるとされている。実験用動物（ラットなど）においては，発がん性のほか，甲状腺機能の低下，生殖器官の重量や精子形成の減少，免疫機能の低下を引き起こすことが報告されている。さらに妊娠中に比較的多量のダイオキシン類を与えると，生まれた動物に先天異常を起こすことが認められている。また，難分解性で脂肪に溶けやすいことから，食物連鎖により動物や人の体内に蓄積する。わが国では，1999年6月にダイオキシン類の耐容1日摂取量（**TDI**：長期にわたり体内に取り込むことにより人への健康影響が懸念される化学物質について，その量までは人が一生涯にわたり摂取しても健康に対する有害な影響が現れないと判断される1日体重1kg当りの摂取量）を4pg-TEQ〔pg：ピコグラム（10^{-12} g），**TEQ**（toxic equivalent）：各類似化合物の濃度にそれぞ

れの**毒性等価係数**（**表 12.2**）〔世界保健機構（WHO）が最も毒性が強いとされる 2,3,7,8-TCDD の毒性を 1 とし，その相対値として表した係数（TEF））をかけた値を合計したもの〕と設定し，環境省が数年おきに調査している。

　わが国ではこのようなダイオキシン類による環境汚染を食い止めるため 1999 年，ダイオキシン類対策特別措置法（**ダイオキシン法**）が制定されている。この法律は，ダイオキシン類による環境汚染の防止および除去するため，施策の基本となる基準を定め，さらに必要な規制や汚染の土壌における対応策を定めている。また，人々の健康を保護するための基準と

表 12.2　ダイオキシン類の毒性等価係数

	化合物名	TEF（WHO 2006 年）
PCDDs （ポリ塩化ジベンゾ-パラ-ジオキシン）	2,3,7,8-TCDD	1
	1,2,3,7,8-PeCDD	1
	1,2,3,4,7,8-HxCDD	0.1
	1,2,3,6,7,8-HxCDD	0.1
	1,2,3,7,8,9-HxCDD	0.1
	1,2,3,4,6,7,8-HpCDD	0.01
	OCDD	0.000 3
PCDFs （ポリ塩化ジベンゾフラン）	2,3,7,8-TCDF	0.1
	1,2,3,7,8-PeCDF	0.03
	2,3,4,7,8-PeCDF	0.3
	1,2,3,4,7,8-HxCDF	0.1
	1,2,3,6,7,8-HxCDF	0.1
	1,2,3,7,8,9-HxCDF	0.1
	2,3,4,6,7,8-HxCDF	0.1
	1,2,3,4,6,7,8-HpCDF	0.01
	1,2,3,4,7,8,9-HpCDF	0.01
	OCDF	0.000 3
Co-PCBs non-*ortho* （コプラナーポリ塩化ビフェニル）	3,3',4,4'-TeCB(#77)	0.000 1
	3,4,4',5-TeCB(#81)	0.000 3
	3,3',4,4',5-PeCB(#126)	0.1
	3,3',4,4',5,5'-HxCB(#169)	0.03
mono-*ortho*	2,3,3',4,4',-PeCB(#105)	0.000 03
	2,3,4,4',5-PeCB(#114)	0.000 03
	2,3',4,4',5-PeCB(#118)	0.000 03
	2',3,4,4',5-PeCB(#123)	0.000 03
	2,3,3',4,4',5-HxCB(#156)	0.000 03
	2,3,3',4,4',5'-HxCB(#157)	0.000 03
	2,3',4,4',5,5',-HxCB(#167)	0.000 03
	2,3,3',4,4',5,5'-HpCB(#189)	0.000 03

〔出典：日本人におけるダイオキシン類の蓄積量について [1]〕

104   第 12 講　有害有毒物質

して大気の汚染，水質の汚濁（水底の低質の汚染を含む）および土壌の汚染に関わるダイオ
キシン類の環境基準（**表 12.3**）が設定されている。これらの規制の結果，わが国のダイオ
キシン排出量は，1997 年の 7 700 〜 8 100 g-TEQ/年から，2014 年の 121 〜 123 g-TEQ/年
と激減し，約 99 ％削減することができている。

表 12.3　ダイオキシン類の環境基準

測定場所	基準値
大気(年平均)	0.6 pg-TEQ/m³ 以下
水質(年平均)	1 pg-TEQ/ℓ 以下
水底の低質	150 pg-TEQ/g 以下
土壌	1 000 pg-TEQ/g 以下

〔文献 2）より〕

12.6　自　然　毒

　自然界に生息する動植物には生体内に毒性を持つものが数多く知られている。これらは，
天敵から身を守るために自己防衛として毒物を生成していると考えられている。これらの毒
成分は一般的には常成分であるが，成育のある特定の時期にのみ毒を産生する場合や，食物
連鎖を通じて餌から毒を蓄積する場合もある。**自然毒**には，カビ毒，動物性毒，植物性毒な
どに分けられる。

12.6.1　カ　ビ　毒

　カビ毒は**マイコトキシン**（Mycotoxin）と呼ばれている（**図 12.7**）。現在，100 種類以上
のカビ毒が知られている。代表的なものは，穀類，落花生，ナッツ類，とうもろこし，乾燥
果実などに寄生するアスペルギルス属（*Aspergillus*，コウジカビ）の一部のカビが産生す
るアフラトキシン類があり，食品から検出される主要なものに 4 種類（B_1，B_2，G_1，G_2）が
ある。また，アフラトキシン M_1，M_2 の 2 種類は，動物の体内でそれぞれ飼料中のアフラト
キシン B_1，B_2 が代謝されて生成し，乳中に含まれることが知られている。**アフラトキシン
類**は人の肝臓に発がん性があるとし，この中でもアフラトキシン B_1 が最も強い発がん性を
有する物質である。オクラトキシン A はアスペルギルス属（*Aspergillus*，コウジカビ）およ
びペニシリウム属（*Penicillium*，アオカビ）の一部のカビが産生するカビ毒で，穀類，豆類，
乾燥果実，飲料などいろいろな食品から検出されている。動物試験では腎毒性および発がん
性が認められている。**トリコテセン類**は赤カビ病の病原菌であるフザリウム属（*Fusarium*，
アカカビ）のカビが，農作物，特に麦類や豆類に付着し，不適切な生産管理や収穫・乾燥な

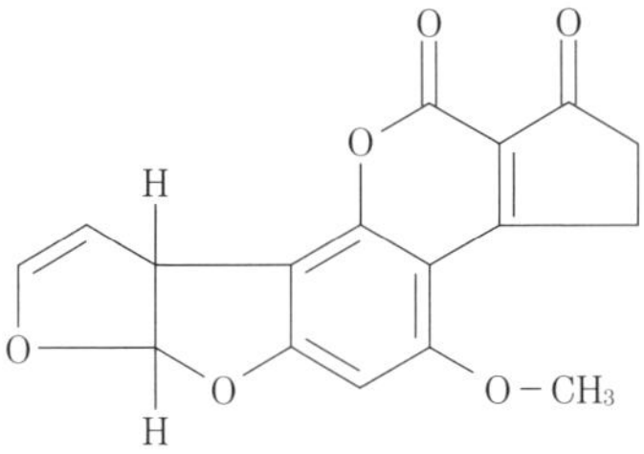

12.6 自 然 毒 105

（a）アフラトキシン B₁ （b）アフラトキシン B₂

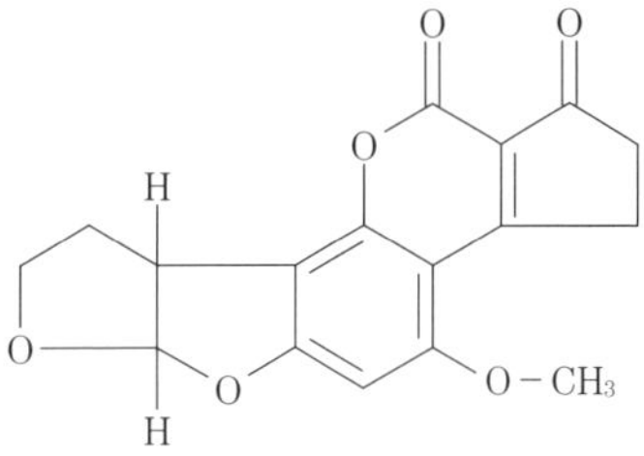

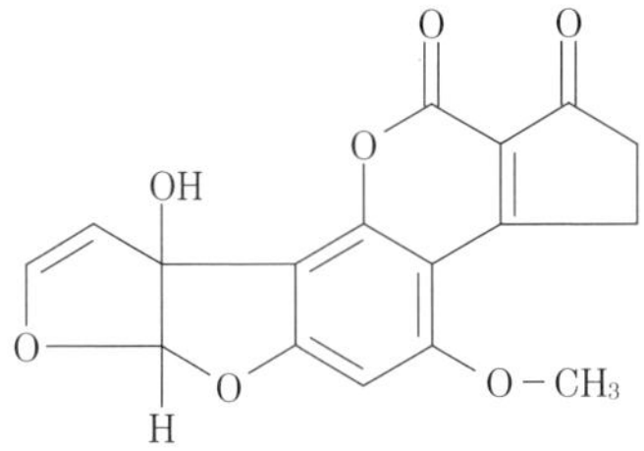

（c）アフラトキシン M₁ （d）アフラトキシン M₂

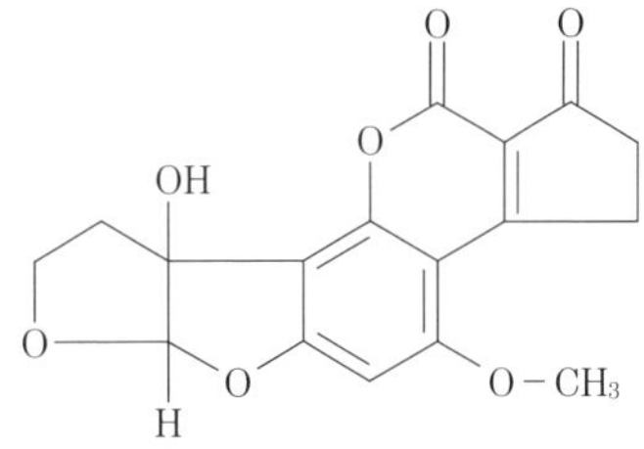

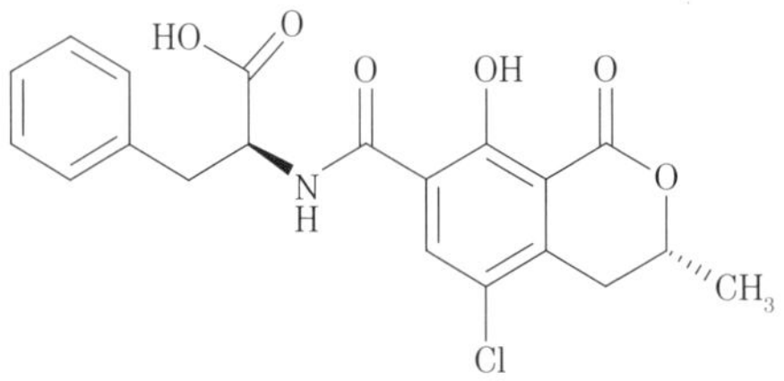

（e）オクラトキシン A 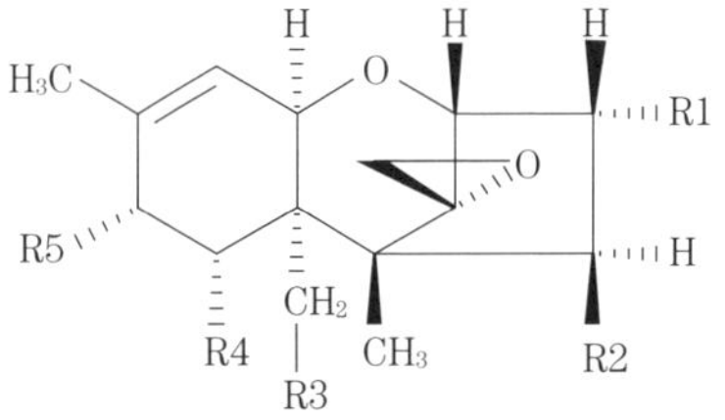 （f）トリコテセン類の基本骨格（R1 から R5 に
付く官能基により多くの種類がある。）

図 12.7 カビ毒の化学構造式

どを行うことで増殖しカビ毒を産生する。食品の汚染において特に問題となるものに，デオ
キシニバレノール（DON），ニバレノール（NIV），T-2 トキシン，HT-2 トキシンがある。毒
性としては嘔吐などの急性毒性がある。

12.6.2 動 物 性 毒

　動物性毒は，陸上ではヘビやハチ，サソリなどの有毒動物が生息し，咬まれたり刺された
りする被害は多い。しかし，陸上の有毒動物を食品として摂取することにより食中毒が引き
起こされることはまずない。食中毒に関与する動物性毒はすべて魚貝類由来であると考えら
れる。代表的なものにフグ毒がある。フグ毒はテトロドトキシンという神経毒で，卵巣や肝
臓などの内臓に存在する。フグ毒を摂取すると食後 20 分〜 1 時間以内で口唇や舌のしびれ
を起こし，その後，頭痛，腹痛，吐き気，嘔吐，歩行起立困難，言語障害，呼吸困難などの
症状が現れる。貝毒には麻痺性貝毒と下痢性貝毒がある。麻痺性貝毒は軽症では食後 30 分
程度で手足のしびれ，目眩，眠気に襲われ，重症の場合は言語障害となり，最後には呼吸麻

106　第12講　有害有毒物質

痺で12時間以内に死亡する。下痢性貝毒は食後1～2時間で下痢，嘔吐，腹痛を起こす。

12.6.3　植　物　性　毒

　植物性毒は，キノコと高等植物に大別できる。高等植物にはアジサイやトリカブトなどがある。また，タバコに含まれるニコチンなどは窒素原子を含む塩基性有機化合物でアルカロイド（alkaloid）と総称され，そのほとんどが即効性の強い神経毒性を呈する。しかしこのような植物性毒は生理作用として，鎮痛・鎮静，麻酔，興奮，麻痺，幻覚などの神経作用を持つものがあり，医薬品として重要なものが多い。

12.7　食　中　毒　細　菌

　食中毒の種類には細菌性食中毒，ウイルス性食中毒，自然毒食中毒，化学性食中毒，寄生虫食中毒に分類できる。

　細菌性食中毒は感染型と毒素型に分けられ，感染型は細菌に感染した食品を摂取し，その後体内で増殖した細菌が病原性を持つことにより起こる食中毒で，**サルモネラ菌**，**腸炎ビブリオ菌**，**病原性大腸菌**，**カンピロバクター**，**ウェルシュ菌**などがあげられる。毒素型は食品中で増殖した細菌が，産生蓄積した毒素を摂取することで起こる食中毒で，**黄色ブドウ球菌**，**セレウス菌**，**ボツリヌス菌**，**腸管出血性大腸菌 O157** などがあげられる。これらの中で，ボツリヌス菌や腸管出血性大腸菌 O157 は高い致命率がある。ウイルス性食中毒はウイルスが原因で人の手を介して感染が起こることが多く，大部分は**ノロウイルス**である。ノロウイルスはカキなどの二枚貝に蓄積濃縮される。食中毒の発症は生ガキや加熱が不十分なカキなど，また，これらの貝類を触った人の指先，調理器具，水などが原因とされる。人の腸管内で増殖するため少量の摂取からでも発病する。感染力は非常に強く，潜伏期間は1～2日で，激しい下痢と嘔吐が主症状の感染性胃腸炎を引き起こす。

例題 12.1

　人の体内に有害有毒物質が取り込まれるには，主要な三つの経路がある。この三つの経路を示しなさい。

【解答・解説】
経口：飲料水や食品とともに口から取り込み，消化管から吸収される。
経気道：呼吸によって空気とともに肺から吸収される。
経皮：皮膚や粘膜を通して体内に取り込まれる。

12.7 食中毒細菌 107

例題 12.2

つぎの有害金属の毒性についての記述で，誤っているものはどれか。

（1） カドミウムは，近位尿細管細胞に蓄積して腎障害を起こす。

（2） メチル水銀は，中枢神経障害を起こす。

（3） 有機鉛は脂溶性で体内に吸収されやすい。

（4） ヒ素の急性毒性は三価より五価のほうが強い。

（5） 三価クロムの毒性は六価クロムより低い。

【解答・解説】

（4）：ヒ素は，三価のほうが毒性は強い。毒性は三価（亜ヒ酸）＞五価（ヒ素）＞有機ヒ素の順で有機ヒ素はほとんど毒性を示さない。

例題 12.3

有害有毒物質の一般毒性は血液や尿，組織，器官での疾患や異常のことをいい，大きく三つに分けられる。この三つの毒性をなんというか，説明しなさい。

【解答・解説】

急性毒性：1回の曝露または短期間の複数回曝露により短期間（終日〜2週間程）に生じる毒性のこと。

亜急性毒性：比較的短期間（通常1〜3か月程度）の連続投与により現れる毒性。亜慢性毒性ともいう。

慢性毒性：長期間（通常6か月以上）の連続または反復投与によって生じる毒性のこと。

問題 12.1

物質（薬物）が体内に取り込まれ排泄されるまでの動きを体内動態（薬物動態）といい，四つの過程からなっており，ADME と呼ばれている。この四つの過程とはなにか。

問題 12.2

つぎの記述で正しいものには○を，誤りには×を付けなさい。

① （ ） イタイイタイ病の原因物質はクロム（Cr）である。

② （ ） 食中毒細菌の中で高い致命率を持つのは腸管出血性大腸菌 O157 のみである。

③ （ ） BHC の異性体のうち，β 体は化学的にも安定で殺虫作用も弱いが，残留性が高い。

④ （ ） ダイオキシン類には催奇形性はあるが，発がん性はない。

⑤ （ ） 除草剤のフェノキシ酢酸誘導体は，ベトナム戦争で化学兵器として使用された。

108　　第 12 講　有害有毒物質

演 習 問 題

【12.1】　つぎの言葉の説明として正しいものを下の（ア）～（オ）から選び，（　）の中に記号を入れなさい。

① （　） パラチオン，② （　） DDT，③ （　） BHC，④ （　） ドリン剤，⑤ （　） PCB

（ア）　ダイオキシン類似化合物で，29 種類の物質がある。通常は無色の固体で，水に溶けにくく，蒸発しにくく，脂肪などに溶けやすい。

（イ）　農薬として使用される以前は，シラミやノミなどの衛生害虫の駆除剤として使用されていた。この物質の分解物が，環境中で非常に分解されにくく，食物連鎖を通して生物濃縮される。わが国では 1968 年に生産中止になっている。

（ウ）　殺虫剤でアルドリン，ディルドリン，エルドリンの 3 種類あり，この中でアルドリンはシトクロム P450 による生体内酸化反応によりディルドリン，エルドリンになる。ディルドリンが最も強い殺虫作用を示す。

（エ）　構造の塩素の結合位置により六つの立体異性体が存在する。そのうち γ 体はリンデンと呼ばれ顕著な殺虫作用を有する。

（オ）　有機リン系農薬でコリンエステラーゼの作用を阻害して，神経終末での神経伝達物質であるアセチルコリンの分解を阻害するため，アセチルコリンの過剰刺激様症状が現れる。

第13講
内分泌撹乱物質
（環境ホルモン）

13.1　野生動物への影響

　1962 年，レイチェル・カールソンの著書『Silent Spring（**沈黙の春**）』が出版され，DDT など有機塩素系農薬の生体系への影響が問題となり，使用が制限され始めた。しかし，その後 30 年以上経っても，世界中の野生動物において化学物質が原因と考えられる生殖，繁殖，成長における異常や免疫不全が次々に報告された。1996 年，シーア・コルボーン，ダイアン・ダマノスキ，ジョン・ピーターソン・マイヤーズらが『Our Stolen Future（**奪われし未来**）』を出版し，化学物質の内分泌撹乱作用という今までにない新しい概念を提唱し，内分泌撹乱物質による生体への影響について警告を発した。

　野生動物に対する**内分泌撹乱物質**の影響および因果関係については，いまだに各研究者たちが色々な議論を交わしているが，実際に報告されている影響の代表例を**表 13.1** に示す。

表 13.1　内分泌撹乱化学物質による野生生物への影響

	生物	場所	影響	原因
貝類	イボニシ	日本海岸	雄性化，個体数の減少	有機スズ化合物
	ヨーロッパチヂミボラ	イギリス海岸	雄性化，個体数の減少	有機スズ化合物
	アクキガイ科巻貝	北西太平洋沿岸	雄性化，個体数の減少	有機スズ化合物
魚類	ニジマス	イギリス河川	雌性化，個体数の減少	ノニルフェノール，合成女性ホルモン
	ローチ	イギリス河川	雌雄同体化	ノニルフェノール，合成女性ホルモン
	サケ	アメリカ五大湖	甲状腺過形成，個体数の減少	不明
	カダヤシ	アメリカフロリダ州河川	雌の雄化	パルプ工場排水
	ホワイトサッカー	アメリカスペリオル湖	成熟遅延	工場排水
両生類	カエル	北米	四肢奇形	不明

110   第13講　内分泌撹乱物質（環境ホルモン）

表 **13.1** （つづき）

	生物	場所	影響	原因
爬虫類	ワニ	アメリカフロリダ湖	雄のペニスの矮小化，卵の孵化率低下，個体数の減少	DDT など有機塩素系農薬
鳥類	カモメ	アメリカ五大湖	雄性化，甲状腺腫瘍	DDT，PCB
	メリケンアジサシ	アメリカミシガン湖	卵の孵化率低下	DDT，PCB
哺乳類	アザラシ	オランダ	個体数の減少，免疫機能低下	PCB
	シロイルカ	カナダ	個体数の減少，免疫機能低下	PCB
	ピューマ	アメリカ	精巣停留，精子数の減少	不明
	ヒツジ	オーストラリア	死産の多発，奇形の発生	植物エストロゲン
	クマ	カナダ	雌の雄化	不明

13.2　人への影響

　これまでに内分泌撹乱物質の人間への健康に対する影響が危惧されている例としては，（1）子宮内膜症・不妊の増加，（2）子宮がん・卵巣がん・乳がんの増加，（3）精子数の減少，精子の質の低下，精子の奇形率の増加，（4）精巣がん・前立腺がんの増加，（5）外部生殖器の発育不全，精巣下降不全，精巣発育不全，（6）アレルギー・自己免疫疾患の増加，（7）性同一性障害，知能指数の低下，（8）神経発達の妨げ，学習障害，多動症，注意散漫，パーキンソン病などがあげられる。また，これらの生殖内分泌系だけでなく，免疫系や脳を含む神経伝達系への影響も確認されてきている。しかし，これらの影響については，化学物質の曝露のみならず，遺伝や生活習慣などのいろいろな要因が関係しているために，一概に内分泌撹乱物質の影響であるとは断言できない。

13.3　内分泌撹乱化学物質の種類

　環境省は 1998 年 5 月，「内分泌撹乱化学物質問題への環境庁の対応方針について**―環境ホルモン戦略計画 SPEED'98―**」を策定した。これにおいて内分泌撹乱作用を有すると疑われる化学物質として 67 物質がリストアップされている。さらに，2000 年 11 月に改訂され 65 物質となった。しかしながら，これらの物質の内分泌撹乱作用に対する評価やメカニズムについては明らかになっていない。このため，環境省は 2005 年に SPEED'98 により得られた情報を踏まえて，「化学物質の内分泌撹乱作用に関する環境省の今後の対応について**―ExTEND2005―**」を公表した。さらに 2009 年 11 月より，「化学物質の内分泌撹乱作用

に関する検討会」等において，ExTEND2005におけるこれまでの取組み状況をまとめ，今後の進め方の方針の検討および重点的に実施すべき課題を洗い出し，2010年7月に「化学物質の内分泌撹乱作用に関する今後の対応—**EXTEND2010**—[†]」を取りまとめた。内分泌撹乱作用を有すると疑われるおもな化学物質を以下に示す。（**図13.1**）

（1） **有機ハロゲン系化合物類**：ダイオキシン，ポリ塩化ビフェニル（PCB），ポリ臭化ビフェニル（PBB），DDTなど
（2） **芳香族化合物類**：ビスフェノールA，アルキルフェノール類（ノニルフェノール，オクチルフェノールなど），フェノールポリカーボネート，フタル酸エステル類など
（3） **農薬**：有機リン系殺虫剤，ピレスロイド系殺虫剤，カーバメート系殺虫剤，トリアジン系除草剤など
（4） **重金属類**：有機スズ化合物，水銀，カドミウム，ヒ素など
（5） **医薬品類**：ジエチルスチルベストロール（DES），17β-エストラジオール，エチニルエストラジオール（EE$_2$）など
（6） **ホルモン類**：エストロゲン，アンドロゲンなど
（7） **植物エストロゲン類**：イソフラボン類など

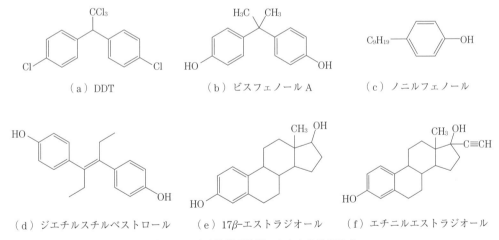

図13.1 内分泌撹乱物質のおもな化学構造式

13.4 ホルモンの作用と働き

ホルモンとは非常に少量で，生物の生命を維持するために体の色々な機能の調節を行う生理活性物質の一群のことをいい，100種類以上存在する。ホルモンの多くは，タンパク質の

[†] EXTEND：Extended Tasks on Endocrine Disruptionの略

素となるアミノ酸が数個から数百個以上つながったペプチドからできている。これをペプチドホルモンといい，子供の成長を促す成長ホルモンや血糖値に作用するインスリンもこれに分類される。また，血液中のコレステロールから副腎や卵巣，睾丸などで作られるステロイドホルモンやアドレナリンや甲状腺ホルモンのアミノ酸誘導体などがある。これらのホルモンは全身のさまざまな部位で作られ，作られた部位のすぐそばの細胞に作用したり，作られた細胞そのものに作用したり，また，血液や体液によって必要な時期に必要量，必要な組織に運ばれる。おもな内分泌臓器は脳下垂体，甲状腺・副甲状腺，副腎皮質・副腎髄質，膵臓，胃や腸，心臓血管，腎臓，精巣・卵巣などがあげられる（**図 13.2**）。

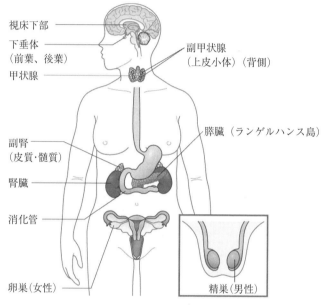

図 13.2 生体の図[1)]

ホルモンはそれぞれ異なる働きを持っている。おもに消化吸収，循環，呼吸，代謝など，身体の機能がスムーズに働くための潤滑油として働き，身体の調節機能を持っている。ホルモンは強い働きを持つための，身体の中に分泌されるホルモン量は必要なときに必要な一定量に保たれるように微妙に調節されている。特に人の体内で分泌される重要なホルモンとして，**エストロゲン**（女性ホルモン）や**アンドロゲン**（男性ホルモン）がある。これらのホルモン（アクセプター）が生体内で機能するには目的器官に存在するホルモン受容体（レセプター）と結合し，情報を伝達することで遺伝子に働きかけタンパク質を合成する。例えば，エストロゲンはエストロゲン受容体と結合し，それぞれのホルモンはそれぞれ決められた受容体と結合する。いわゆる，カギとカギ穴の関係といわれている。しかし，内分泌撹乱物質は，エストロゲンやアンドロゲンと非常に類似した構造を持っているために，生体内でそれらの

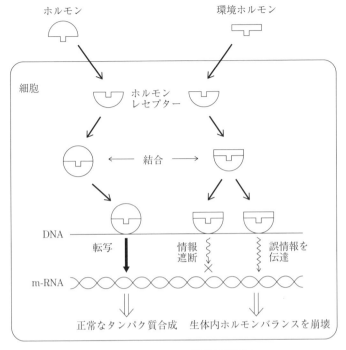

図 13.3 ホルモンの情報伝達系図

受容体に誤って結合することで誤った情報を伝達し，内分泌系を撹乱する（**図 13.3**）。

13.5 懸念されている生体への影響

　有機ハロゲン系化合物類である PCB，DDT や芳香族化合物類の**ビスフェノール A**，**アルキルフェノール類**はレセプターと結合すると弱いエストロゲン作用を示し，雄の胎生期や，性の成熟期に作用すると雄の雌化現象が起こり，乳がんの発生確率が上昇するといわれている。さらに，PCB は神経細胞の増殖を促し，脳の正常な発育に不可欠な甲状腺ホルモンに作用すると正常なホルモンよりもはるかに結合力が強く残留性が高くなり，神経の発達の妨げや学習障害，注意散漫，多動症を引き起こす。

　医薬品類の**ジエチルスチルベストロール（DES）**は**合成エストロゲン**で流産や早産，出産後の母乳量の抑制や更年期障害の軽減など，妊産婦の必携薬として用いられている。しかし，雄が子宮内で曝露すると精巣下降不全，精巣発育不全，精子の奇形化，生殖力の衰退，生殖器腫瘍など動物全般に影響するといわれている。

　現在は農薬登録が抹消されているが，オキサゾリン系の**ビンクロゾリン**はエストロゲン類似物質で曝露するとアンドロゲンのレセプターを占拠し，男性ホルモンの**テストステロン**の

114　　第 13 講　内分泌撹乱物質（環境ホルモン）

情報を遮断する。そのために男性性器と乳房を持ち合わせる半陰陽者が出現するといわれている。また，DDT も同様にエストロゲン作用を示し，長期に曝露すると肝臓腫瘍や前立腺がんが発症する。

　これらの内分泌撹乱物質における人類への影響としては，女性には子宮内膜症，子宮がん，卵巣がん，乳がんの増加，男性には精子の数と質の低下，精子奇形率の上昇，精巣がんや前立腺がんの増加，外部生殖器の発育不全などがあげられる。さらに，アレルギー，自己免疫疾患の増加，性同一性障害，多動症，パーキンソン病の増加などや免疫系，脳神経系への影響も取り沙汰されている。しかし，これらの健康に対する影響においては，化学物質の影響だけではなく，遺伝的，生活習慣などの色々な要因が関係しているために，環境ホルモン化学物質との因果関係はいまだ明らかになっていない。

13.6　内分泌撹乱物質に対する国内外の対応

　わが国では，1998 年以降，環境省，厚生労働省，文部科学省，経済産業省，農林水産省，国土交通省などの関係省庁が連携して内分泌撹乱化学物質問題の対策に取り組んできた。特に環境省は環境保全の見地から対策を講じており，1998 年 5 月に環境ホルモン戦略計画 SPEED'98，2005 年 3 月に ExTEND2005 を策定し，内分泌撹乱作用における知見の収集と検討を行ってきた。さらに 2010 年 7 月には ExTEND2005 の成果と課題を踏まえて，「化学物質の内分泌撹乱作用に関する今後の対応—EXTEND2010—」を策定した。EXTEND2010 は，① 野生動物の生物学的知見研究および基盤的研究の推進，② 試験法の開発および評価の枠組みの確立，③ 環境中濃度の実態把握および曝露の評価，④ 作用・影響評価の実施，⑤ リスク評価およびリスク管理，⑥ 情報提供などの推進，⑦ 国際協力の推進から構成されており，化学物質の内分泌撹乱作用に伴う環境リスクを適切に評価し，必要に応じて管理していくことを目標とし，評価に対する手法の確立と実施の加速化を狙いとしている。

　国際的には，2002 年に**世界保健機構**（WHO），**国際化学物質安全計画**（IPCS），**国際労働機関**（ILO），**国連環境計画**（UNEP）の連名で，内分泌撹乱物質に関する報告書を公表した。2012 年に WHO は子供たちの健康に与える影響に関する報告書を，さらに 2013 年には WHO，UNEP の連名で 2002 年以降の研究成果と問題点をまとめた報告書を公表している。

　経済協力開発機構（**OECD**）は 1996 年より化学物質のテストガイドラインプログラムの一環として，内分泌撹乱物質の試験および評価（Endocrine Disrupters Testing and Assessment, EDTA）に関する検討を行っている。ここでは，加盟国への情報提供と活動間の調整，化学物質の内分泌撹乱作用を検出するための新規試験法の開発と既存の試験法の改定，有害性やリスク評価の手法の調和などを目的として実施されている。

13.6　内分泌撹乱物質に対する国内外の対応　　115

　欧州委員会（**EC**）は1996年から内分泌撹乱物質に対する取組みを開始しており，1999年には内分泌撹乱物質に関する戦略を採択している。これにより，欧州連合（EU）における植物保護製品，殺生物製品，**REACH**（欧州連合における化学物質の登録・評価・認可および制限に関する規則）関連化学物質，化粧品などに関する規制の中で，それぞれ内分泌撹乱化学物質が規定されている。また，最近では2014年6月に，**植物保護製品規則**（PPPR），**殺生物製品規則**（BPR）の施行において内分泌撹乱物質を同定するための判断基準の策定に向けたロードマップが公表されている。

　アメリカ環境保護庁（**USEPA**）では，1999年に策定された，**内分泌撹乱物質スクリーニングプログラム**（EDSP）を進めている。これは，**食品品質保護法**（Food Quality Protection Act）および**飲料水安全法**（Safe Drinking Water Act）により，人の健康に有害な影響を及ぼすようなエストロゲン様作用を持つ農薬や飲料水中汚染化学物質をスクリーニングすることを目的としている。

　このように世界中で化学物質の内分泌撹乱作用について，さまざまな調査研究や試験法開発などが進められてきた。その結果，化学物質の内分泌撹乱作用を評価するための枠組みを確立し，新たに開発された複数の試験法により着実に成果を上げてきている。しかし，いまだにその影響が十分に解明されていない。このため，環境省はEXTEND2010の枠組みを整理統合し所要の改善を加えた上で，内分泌撹乱作用に関する検討を着実に進めること，化学物質の内分泌撹乱作用に伴う環境リスクを適切に評価し必要に応じて管理していくことを目標として，さらに5年間程度を見据えた新たなプログラム，① 作用・影響の評価および試験法の開発，② 環境中濃度の実態把握および曝露の評価，③ リスク評価およびリスク管理，④ 化学物質の内分泌撹乱作用に関する知見収集，⑤ 国際協力および情報発信の推進，から構成されるEXTEND2016を進めている。

例題 13.1

　内分泌撹乱化学物質による野生生物への影響について空欄を下の（ア）〜（ス）の語群から選び，記号を入れなさい。

生物	場所	影響	原因
イボニシ	①	④	⑦
ローチ	②	⑤	⑧
アザラシ	③	⑥	⑨

（ア）イギリス河川，（イ）日本海岸，（ウ）アメリカ五大湖，（エ）オランダ，（オ）雄性化，（カ）雌雄同体化，（キ）成熟遅延，（ク）免疫機能低下，（コ）PCB，（サ）DDT，（シ）有機スズ化合物，（ス）ノニルフェノール

116   第13講　内分泌撹乱物質（環境ホルモン）

【解答・解説】

① （イ），② （ア），③ （エ），④ （オ），⑤ （カ），⑥ （ク），⑦ （シ），⑧ （ス），⑨ （コ）

1996年，シーア・コルボーン，ダイアン・ダマノスキ，ジョン・ピーターソン・マイヤーズらが
『Our Stolen Future（奪われし未来)』という書物の中で，世界中の野生生物において化学物質が原
因と考えられるさまざまな異常や免疫不全を次々に報告した。そこから，化学物質の内分泌撹乱作
用という今までにない新しい概念を提唱し，内分泌撹乱物質による生体への影響について警告を発
した。

例題 13.2

内分泌撹乱化学物質の説明で，誤っているものはどれか。

（1）　ビスフェノールAは芳香族化合物類に属する。

（2）　アンドロゲンはホルモン類に分類される。

（3）　環境省は1998年に環境ホルモン戦略計画SPEED'98を策定し，67の化学物質をリ
　　　ストアップしている。

（4）　ジエチルスチルベストロール（DES）は農薬類の化学物質である。

【解答・解説】

（4）：ジエチルスチルベストロール（DES）は医薬品類に属する化学物質である。
　　　農薬類には有機リン系殺虫剤などが属する。

例題 13.3

下の化学式で示す内分泌撹乱が疑われている化学物質に関する記述の（　　）に入る語句
の正しい組合せはどれか。番号で答えなさい。

この化合物は，レセプターと結合すると弱い（　a　）作用を示し，性の成熟期に作用す
ると（　b　）現象が起こるといわれている。

	a	b
（1）	アンドロゲン	雌の雄性化
（2）	エストロゲン	雌の雄性化
（3）	アンドロゲン	雄の雌性化
（4）	エストロゲン	雄の雌性化

【解答・解説】

（4）：この化合物はビスフェノールAで弱いエストロゲン作用を示す。エストロゲンは女性ホル
　　　モンで，雄の雌化が生じ，さらに乳がんの発生確率が上昇するといわれている。

13.6　内分泌撹乱物質に対する国内外の対応　　117

[問題 13.1]

　わが国で内分泌撹乱物質の対策として，2010 年に「化学物質の内分泌撹乱作用に関する今後の対応—EXTEND2010—」を策定し，七つの対応策を打ち出している。この七つとはなにか。

[問題 13.2]

　「レセプター」という言葉を用いて，ホルモン作用のメカニズムを説明せよ。

演 習 問 題

【13.1】　つぎの記述で正しいものには○を，誤りには×を付けなさい。

① （　）ホルモンとは，生物の生命を維持するために体の色々な機能の調節を行う生理活性物質の一群のことをいい，50 種類程度存在する。

② （　）ジエチルスチルベストロールは合成エストロゲンで妊産婦の必携薬として用いられている。

③ （　）わが国では，1998 年，関係省庁が連携して内分泌撹乱化学物質問題の対策に取り組み，厚生労働省が「環境ホルモン戦略計画 SPEED'98」を策定した。

④ （　）ビンクロゾリンや DDT はエストロゲン類似物質で曝露するとアンドロゲンのレセプターを占拠し，男性ホルモンのテストステロンを遮断する。

⑤ （　）内分泌撹乱物質の人への影響は，生殖内分泌系だけで，免疫系や脳を含む神経伝達系には影響はない。

第14講
環境保全への取組み

14.1 環境行政と対策

　国民の生命・健康の保護に始まり，生活環境一般の保全を目的として，公害や国土開発などによって生じる環境破壊を防止し，被害者の救済を図るだけでなく，積極的に環境の保全を行う行政のことを一般に環境行政という。

　わが国の**環境対策**は，これまで公害問題とその防止対策を中心として展開されてきたが，近年，公害規制だけでなく，広く国民の生活環境を保全し，自然や文化という環境の保全，土壌汚染対策や化学物質管理，地球温暖化対策などをすべて含めた幅広い領域を対象としている。

14.2 環 境 基 本 法[1]

　わが国では，1992 年にブラジルのリオデジャネイロで行われた国際会議，**地球サミット**をきっかけに環境問題の関心が高まり，新たな環境行政の展開が始まった。これにより，持続可能な社会の実現を目指し，これまで軸としてきた**公害対策基本法**（1967 年 8 月制定）と**自然環境保全法**（1972 年 6 月制定）を統合し，1993 年 11 月に**環境基本法**が公布・施行された。環境基本法は目的として，第一条に「この法律は，環境の保全について，基本理念を定め，並びに国，地方公共団体，事業所および国民の責務を明らかにするとともに，環境の保全に関する施策の基本となる事項を定めることにより，環境の保全に関する施策を総合かつ計画的に推進し，もって現在および将来の国民の健康で文化的な生活の確保に寄与するとともに人類の福祉に貢献することを目的とする。」と明記されている。また，基本理念として「環境の恵沢の享受と継承など」（第 3 条），「環境への負荷の少ない持続可能発展が可能な社会の構築など」（第 4 条），「国際的協調による地球環境保全の積極的推進」（第 5 条）を揚げ，「国の責務」，「地方公共団体の責務」，「事業者の責務」さらに「国民の責務」（第 6 ～ 9 条）を規定している。

14.3 環境アセスメント　119

　また，環境保全のための施策として，**環境基本計画**（第15条）を策定した。これは，環境保全に関する施策の総合的かつ計画的な推進を図るための基本的な計画で，環境基本法に基づき閣議決定により政府が定めるものとしている。第一次計画は1994年に策定されている。本計画は，毎年，進捗状況が検証され，5～6年ごとに改定される。現行の第四次基本計画は2012年4月に閣議決定されている。

　さらに，「国の施策の策定などに当たっての環境保全についての配慮」（第19条）および「環境影響評価の推進」（第20条）などがあり，第20条においては環境アセスメント制度として1997年6月に法制化されている。

14.3　環境アセスメント[2]

　われわれが豊かな暮らしをするために必要な開発事業であっても，環境に重大な影響を与えることは避けなければならない。このように開発事業による重大な環境影響を防止するために，事業の内容を決めるにあたり，事業の必要性や採算性だけでなく，環境保全についてもあらかじめ検討することが非常に重要な課題となる。**環境アセスメント**（環境影響評価）制度とは，開発事業の内容を決めるにあたり，それが環境にどのように影響を及ぼすかについて，あらかじめ事業者自ら調査・予測・評価を行い，その結果を公表して一般の人々や地方公共団体などから意見を聴き，それらを踏まえて環境保全の観点からよりよい事業を作り上げていこうという制度である。

　環境アセスメントは，アメリカにおいて1969年に世界で初めて制度化され，それ以来，世界各国で導入されてきた。わが国では，1972年に初めて公共事業で導入され，1975年半ばまでに湾岸計画，埋立て，発電所，新幹線についての制度が設けられた。1981年に統一的な制度の確立を目指し「環境影響評価法案」が国会に提出されたが，1983年に廃案となった。廃案後，法律の代わりに政府内部の申し合わせにより，統一的なルールを設けることとなり，1984年，「環境影響評価の実施について」（**閣議アセス**）が閣議決定された。また，地方公共団体においても条例・要綱の制定が進められた。その後，1993年に制定された「環境基本法」の中で，環境アセスメントの推進が盛り込まれたことにより，制度の見直しの検討が始まった。その結果，1997年6月，「環境影響評価法（環境アセスメント法）」が成立した。さらに10年の経過を受け，2011年4月に，より上位の計画段階や政策を計画対象に含める**戦略的環境アセスメント**（Strategic Environmental Assessment, SEA）が導入された。

　環境アセスメントを行うことは環境に対して重大な影響を未然に防止して人類社会の破綻を回避し，持続可能な社会を築いていくために重要であるとの考えのもとに作成されている。そのために，規模が大きく環境に著しい影響を及ぼす可能性のある事業について環境アセス

メントの手続きを定め，その結果を事業内容に関する決定に反映させることにより，事業が環境保全に十分配慮して行われるようにすることを目的としている。

　対象となる事業は，道路，河川，鉄道，飛行場，発電所などの13種類の事業である。この中で，規模が大きく環境に多大な影響を及ぼすおそれがある事業を**第1種事業**として定め，環境アセスメントの手続きを必ず行うこととしている。また，第1種事業に準ずる規模の事業を**第2種事業**として定め，手続きを行うかどうかを個別に判断することとしている。また，規模が大きい港湾計画も環境アセスメントの対象となっている（**表14.1**）。環境アセスメントは対象事業を実施する事業者が行う。これは，事業者自身が自己責任において事業を計画し，環境影響についての調査・予測・評価を行うことで環境保全対策の検討が行え，その結果を環境に対する配慮などに反映しやすいことがある。

表14.1　環境アセスメントの対象事業

	第1種事業 （必ず環境アセスメントを行う事業）	第2種事業 （環境アセスメントが必要かどうかを 個別に判断する事業）
1　道路		
高速自動車国道	すべて	―
首都高速道路など	4車線以上のもの	―
一般国道	4車線以上・10 km以上	4車線以上・7.5〜10 km
林道	幅員6.5 m以上・20 km以上	幅員6.5 m以上・15〜20 km
2　河川		
ダム，堰	湛水面積100 ha以上	湛水面積75〜100 ha
放水路，湖沼開発	土地改変面積100 ha以上	土地改変面積75〜100 ha
3　鉄道		
新幹線鉄道	すべて	―
鉄道，軌道	長さ10 km以上	長さ7.5〜10 km
4　飛行場	滑走路長2500 m以上	滑走路長1875〜2500 m
5　発電所		
水力発電所	出力3万kW以上	出力2.25〜3万kW
火力発電所	出力15万kW以上	出力11.25〜15万kW
地熱発電所	出力1万kW以上	出力7500〜1万kW
原子力発電所	すべて	―
風力発電所	出力1万kW以上	出力7500〜1万kW
6　廃棄物最終処分場	面積30 ha以上	面積25〜30 ha
7　埋立て，干拓	面積50 ha超	面積40〜50 ha
8　土地区画整理事業	面積100 ha以上	面積75〜100 ha
9　新住宅市街地開発事業	面積100 ha以上	面積75〜100 ha
10　工業団地造成事業	面積100 ha以上	面積75〜100 ha
11　新都市基盤整備事業	面積100 ha以上	面積75〜100 ha
12　流通業務団地造成事業	面積100 ha以上	面積75〜100 ha
13　宅地の造成の事業[※1]	面積100 ha以上	面積75〜100 ha
○港湾計画[※2]	埋立・堀込面積の合計300 ha以上	

（※1）「宅地」には，住宅地以外にも工業用地なども含まれる。
（※2）港湾計画については，港湾環境アセスメントの対象となる。

14.4 化学物質対策

　われわれの身の回りには，プラスチック，塗料，合成洗剤，医薬品，化粧品，殺虫剤，農薬，ハイテク材料などの数多くの製品があふれており，生活を豊かにしてくれている。しかし，これらはすべて化学物質から作られており，化学物質はわれわれの生活になくてはならないものである。現在，アメリカ化学会（American Chemical Society）の情報部門であるChemical Abstracts Service（**CAS**）は化学物質情報の世界標準（**CAS REGISTRY**）として，1億2900万件以上の有機および無機物質（合金，配位化合物，鉱物，混合物，ポリマー，塩などを含む）が登録されており，さらに日々増え続けている。

　このように有用である化学物質であっても，その製造，流通，使用，廃棄において不適当な管理や事故発生時には，深刻な環境汚染を引き起こし，人の健康や生態系に大きな影響をもたらすおそれがある。わが国では，高度成長期時代（1950 ～ 1960 年代にかけて）にメチル水銀による水俣病やカドミウムによるイタイイタイ病など環境汚染が原因の深刻な公害問題を経験しており，このような過去の悲惨な経験を繰り返さないために，国や自治体，産業界も含めて，さまざまな対策がなされてきた。しかし，現在においても，ダイオキシン類を代表とする，難分解性で生物の生体内に蓄積しやすく，長距離移動性でわれわれの体に有害な影響を及ぼす可能性を持つ物質として，通称**POPs（ポップス）**と呼ばれる残留性有機汚染物質（persistent organic pollutants）による環境汚染問題や内分泌撹乱化学物質（環境ホルモン）などによるさまざまな環境問題に加え，長期間にわたり保管されている PCB の処理の推進など緊急な課題も抱えている。

　化学物質が人や動植物に対して悪影響を与える可能性のことを環境リスクといい，有害性の程度とその化学物質の曝露量により示される。**化学物質対策**は，このリスク評価を適切に行い，また，リスク管理を適正に行うことが必要であるため，いろいろな法整備によって規制されている。しかし，今般の現状において化学物質のリスク管理の対象は十分なのか，その排出実態は適切に評価されているのかなど，幅広い検証が求められている。

14.4.1　化学物質の審査及び製造等の規制に関する法律（化審法）[3]

　人や動植物などの生態系に悪影響を及ぼすおそれがある化学物質による環境汚染を防止することを目的とする法律である。これは，大きく分けて三つの部分から構成されている。

　① 新規化学物質の事前審査（新たに製造される化学物質に対する事前審査制度）

　② 上市後の化学物質の継続的な管理措置（製造・輸入数量の把握，有害性情報の報告などに基づくリスク評価）

122   第14講　環境保全への取組み

③ 化学物質の分解性，蓄積性，毒性，環境中での残留状況などの性状に応じた規制および措置（性状に応じて第一種特定化学物質または第二種特定化学物質などに指定，製造・輸入数量の把握，有害性調査指定，製造・輸入許可，使用制限など）

14.4.2　特定化学物質の環境への排出量の把握等及び管理の改善の促進に関する法律（化学物質排出把握管理促進法（化管法））[3], [4]

事業者による化学物質の自主的な管理の改善を促進し，環境保全上の支障を未然に防止することを目的として 1999 年に法制化され，**PRTR 制度**（汚染物質排出・移動登録制度，Pollutant release and transfer register）と **SDS 制度**（化学物質安全性データシート制度，safety data sheet）の二つの制度が中心となっている。

PRTR 制度とは，環境中に対する化学物質のリスク低減を目的とし，有害性のある多種多様な化学物質が，どのような発生源から，どれくらい環境中に排出されたか，または廃棄物中に含まれて事業所外に運び出されたかというデータを把握し，集計，公表する仕組みである。

SDS 制度とは，事業者が取り扱っている化学物質や化学物質が含まれる製品などを安全に取り扱うために，その成分や性質，取り扱い方法などの情報を提供するものである。わが国では，政令で定められている，第一種指定化学物質，第二種指定化学物質およびこれらを含む一定の製品（指定化学物質など）について SDS を提供することが義務化されている。

14.5　REACH 規則[5]

欧州連合（EU）での化学品規則で Registration, Evaluation, Authorisation and Restriction of Chemicals（化学物質の登録・評価・認可および制限）の頭文字をとって **REACH 規則**と呼ばれており，2007 年 6 月に発効された。この規則は EU 内で化学物質および化学物質を使用した完成製品を年間 1 トン以上製造または輸入する事業者は，欧州化学品庁への登録が義務づけられている。

14.6　環境マネジメントシステム

組織や事業者が，自主的に環境保全に関する取組みを進めるにあたり，環境に関する方針や目標を自ら設定し，これらの達成に向けて取り組むことを**環境管理**または**環境マネジメント**といい，このための工場や事業所内の体制・手続きなどの仕組みを**環境マネジメントシステム**（environmental management system, EMS）という。また，このような自主的な環境管

理の取組み状況について，客観的な立場からチェックを行うことを**環境監査**という。環境マネジメントや環境監査は，事業活動が環境に配慮されながら行われるようにするための効果的な手法で，広範囲の多くの組織や事業者が積極的に取り組んでいくことが期待されている。

環境マネジメントシステムには，国際規格のISO14001や，環境省が策定したエコアクション21があり，ほかにも地方自治体，NPOや中間法人などが策定した環境マネジメントシステムもある。さらに，全国規模のものにはエコステージ，KES・環境マネジメントシステム・スタンダードがある。

さまざまな地球環境問題に対応した持続可能な発展のためには，経済社会活動のあらゆる局面で環境への負荷を削減することが必要不可欠である。そのためには，幅広い組織や事業者が，規則に従うだけではなく，その活動全体にわたって，自主的かつ積極的に環境保全に取り組んでいくことが求められる。そのための有効なツールが環境マネジメントシステムである。

14.6.1　ISO14000シリーズ[6]

1992年の地球サミットの前後から「持続可能な開発」の実現に向けた手法の一つとして，事業者の環境マネジメントに関する関心が高まり，**ICC**（国際商工会議所）や**BCSC**（持続可能な開発のための経済人会議），EU（欧州連合）など，さまざまな組織で検討が開始された。こうした動きを踏まえ，**ISO**（International Organization for Standardization，国際標準化機構）は，1993年から環境マネジメントに関わるさまざまな規格の検討を開始した。これをISO14000シリーズと呼ぶ。

ISO14000シリーズは，**環境マネジメントシステム**を中心として，環境監査，環境パフォーマンス評価，環境ラベル，ライフサイクルアセスメントなど，環境マネジメントを支援するさまざまな手法に関する規格から構成されている。この中で「環境マネジメントシステムの仕様」を定めているのがISO14001で，1996年に発行された。**ISO規格**は，国際的な取引を円滑に行うために，世界中で製品の仕様や業務の手順などの基本的な部分は共通化する目的で定められている。規格には法的な拘束力はなく，規格に沿った取組みをするかどうかは，企業の自主的な判断にゆだねられている。ISO14001の基本的な構造は，①方針・計画(Plan)，②実施（Do），③確認・評価（Check），④是正・見直し（Act）というプロセスを繰り返すことにより，環境マネジメントのレベルを継続的に改善していこうというものであり，PDCAサイクルと呼ばれている。また，方針の策定などに最高経営層の責任ある関与を求め，トップダウン型の管理を想定している（**図14.1**）。

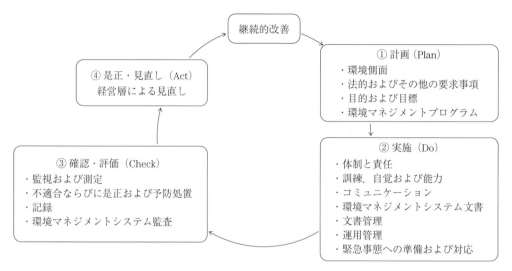

図 14.1 ISO14001 環境マネジメントシステムのモデル

14.6.2　エコアクション 21[7]

エコアクション 21 は，中小事業者でも取り組みやすい環境経営の仕組み（環境経営システム）のあり方を定めており，あらゆる事業者が持続可能な社会を構築するために，環境への取組みを効果的・効率的に行うことを目的とし，環境に取り組む仕組みを作成して実行し，さらにそれらを継続的に改善し，その結果を社会に公表するための方法として，環境省が策定したガイドラインである。そして，エコアクション 21 ガイドラインに基づき，環境への取組みを適切に実施している事業者を審査し，認証・登録する制度がエコアクション 21 認証・登録制度である。

エコアクション 21 では，環境経営において，必ず把握すべき環境負荷の項目として，二酸化炭素排出量，廃棄物排出量，総排水量および化学物質使用量を規定している。さらに，それらを削減するための取組み方を詳細に記載しているため，環境パフォーマンスの向上が見込める。また，これらの取組み結果を**環境活動レポート**としてまとめて公表する，**環境コミュニケーション**を必須要件として規定している。このように，環境コミュニケーションは事業者らが環境保全への取組みを推進することにより，社会からの信頼を得て，企業がさらに発展していくための重要な方法の一つである。

14.6　環境マネジメントシステム　　125

例題 14.1

つぎの文章の（　）の中に入る語句を下から選び，記号で答えなさい。

わが国では，1992 年にブラジル・リオデジャネイロで行われた国際会議，（　①　）をきっかけに環境問題の関心が高まり，新たな環境行政の展開が始まった。これにより，持続可能な社会の実現を目指し，1993 年に（　②　）が公布・施行された。また，環境保全のための施策として（　③　）を策定した。これは，環境保全に関する施策の総合的かつ計画的な推進を図るための基本的な計画で，閣議決定により政府が定めるものとしている。本計画は，毎年，進捗状況が検証され，（　④　）年ごとに改定される。現行の第四次基本計画は 2012年 4 月に閣議決定されている。

（ア）環境開発サミット，（イ）地球サミット，（ウ）世界サミット，（エ）公害対策基本法，
（オ）自然環境保全法，（カ）環境基本計画，（キ）環境基本法，（ク）環境影響評価法，
（ケ）労働安全衛生法，（コ）1 〜 2，（サ）3 〜 4，（シ）5 〜 6

【解　答】
①（イ），②（キ），③（カ），④（シ）

例題 14.2

環境アセスメントに関する記述中，下線部の箇所で誤っている部分はどれか。

環境アセスメントは，①アメリカにおいて 1969 年に世界で初めて制度化されて以来，世界各国で導入されてきた。わが国では，②1972 年に初めて公共事業で導入された。1981 年に統一的な制度の確立を目指し③「環境影響評価法案」が国会に提出されたが廃案となった。廃案後，法律の代わりに政府内部の申し合わせにより，統一的なルールを設けることとなり，④1984 年「環境影響評価の実施について」（閣議アセス）が閣議決定された。その後，⑤1997 年「環境基本法（環境アセスメント法）」が成立した。さらに 10 年の経過を受け，2011 年に，より上位の計画段階や政策を計画対象に含める⑥「戦略的環境アセスメント」が導入された。

【解答・解説】
⑤：1997 年に成立した環境アセスメント法の正式名称は，環境影響評価法である。

126   第 14 講　環境保全への取組み

例題 14.3

　化学物質による環境リスクを軽減するために，化学物質排出把握管理促進法（化管法）が制定されている。つぎの文章で（　　）の中に入る適切な語句を下から選び記号で答えなさい。

　事業者による化学物質の自主的な管理の改善を促進し，環境保全上の支障を未然に防止することを目的として，各事業者が取り扱う（　①　）化学物質において（　②　）制度による化学物質の環境中への排出量および移動量の届け出と，（　③　）制度による化学物質やそれらが含まれる製品についての安全データシートによる情報提供が，義務化された。

　（ア）すべての，（イ）指定，（ウ）有機，（エ）SDS，（オ）REACH，（カ）マニフェスト，（キ）PRTR

【解　答】
　①（イ），②（キ），③（エ）

問題 14.1

　環境マネジメントシステムの中の ISO14001 は四つのプロセスを繰り返すことにより，環境マネジメントのレベルを継続的に改善していこうというものであり，PDCA サイクルと呼ばれている。この四つのプロセスとはなにか。

問題 14.2

　つぎの文章で正しいものには○を，誤りには×を付けなさい。
①（　）環境アセスメントにおいて，環境に多大な影響を及ぼすおそれのある事業を第 1 種事業，これに準ずる規模の事業を第 2 種事業と定めているが，どちらも手続きを必ず行わなければならない。
②（　）化審法とは，人や動植物などの生態系に悪影響を及ぼすおそれがある化学物質による環境汚染を防止することを目的とする法律であり，大きく分けて三つの部分から構成されている。
③（　）REACH 規則とは，国際連合での化学規則で，国連加盟国内で化学物質および化学物質を使用した完成製品を年間 1 トン以上製造または輸入する事業者は，国連に登録が義務づけられている。
④（　）ISO14001 では，二酸化炭素排出量を規定している。
⑤（　）エコアクション 21 では，廃棄物排出量を規定している。

演 習 問 題

【14.1】 つぎの言葉の説明で正しいものを下から選び，記号で答えなさい。

① SEA （　）， ② CAS （　）， ③ POPs （　）， ④ PRTR （　）， ⑤ SDS （　），

⑥ EMS （　）， ⑦ ISO （　）， ⑧ ICC （　）， ⑨ BCSC （　）， ⑩ EU （　）

（ア）化学物質情報，（イ）国際商工会議所，（ウ）残留性有機汚染物質，

（エ）環境マネジメントシステム，（オ）汚染物質排出・移動登録制度，（カ）欧州連合，

（キ）戦略的環境アセスメント，（ク）化学物質安全性データシート制度，

（ケ）国際標準化機構，（コ）持続可能な開発のための経済人会議

第15講
災害と環境

15.1 地震波とは

地震波には，実体波と表面波が存在する。実体波とは，地中を伝わる波でP波とS波の二つに分けられる。P波は波の進行方向と振動方向が同じになる縦波であり，音波と同じである。S波は波の進行方向と振動方向が垂直になる横波である。また，表面波は，水面にできる波のように，地表面を伝わる波である。

地震の揺れは，はじめにP波が到達して上下方向の小刻みな揺れが起き，続いてS波が到達して横方向の揺れが起きる。P波がS波より約1.7倍速く到達する。P波とS波の到達時間の差を初期微動継続時間という。この初期微動継続時間から，震源のおよその距離が推定できる。緊急地震速報とは，初期微動継続時間から，地震発生時刻，震源の位置，地震波の振幅から地震の規模を推定して，所定地点の震度を予測するものである。

図15.1は，宮城県沖地震と兵庫県南部地震（阪神淡路大震災）の地震波を比較したものである。2003年の宮城県沖地震では，岩手県大船渡市大船渡町の震度計で東西方向（EW）に1105 galという特に大きい加速度が記録され，震度は6弱であった。しかし，このように大きな加速度でも大船渡市大船渡町ではほとんど地震被害がなかった。それに対して，1995年の兵庫県南部地震では，神戸市中央区中山手での最大加速度は818 gal，震度は6強であり，非常に大きな被害が発生した。図をよく見ると，神戸市中央区中山手の地震波のほうが大船渡市大船渡町の地震波より周期が長くなっている。一般に構造物は短い周期の地震波では壊れないが，長い周期の波では壊れることが知られている。宮城県沖の地震の場合，加速度が非常に大きかったが，地震波の周期が短かったため，少ない被害で済んだものと考えられる。

15.2 地震発生のメカニズム   129

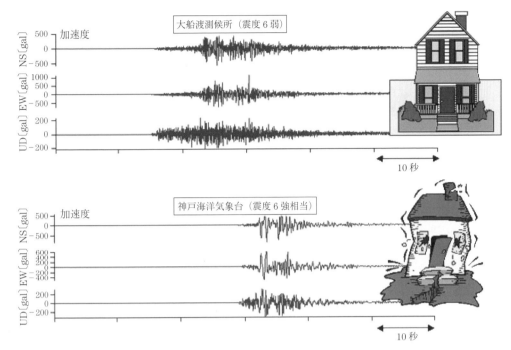

図 15.1 宮城県沖地震と兵庫県南部地震の地震波の比較
(地震波は,上から,南北方向,東西方向,上下方向の揺れである)
〔出典:地震の活動状況[1]〕

15.2 地震発生のメカニズム

　日本の周辺では,多くの地震が発生しており,世界で起こっている地震の約 1/10 にあたる。地球の表面は,プレートと呼ばれるいくつもの巨大な岩盤でできている。日本周辺は太平洋プレートやフィリピン海プレートと呼ばれる二つの海のプレート,北米プレートやユーラシアプレートと呼ばれる二つの陸のプレートの境界に位置している。海のプレートは,陸のプレートの下に 1 年間に数 cm から 10 cm 程度の非常に遅い速度で沈み込んでいる。そのため,プレート先端部にひずみがたまり,100 〜 200 年程度で,ひずみの蓄積が限界になり,地震を発生させる。このような地震を**海溝型地震**という。2011 年東北地方太平洋沖地震(東日本大震災)はこのタイプである。ほかに,沈み込む海のプレート内部で発生するプレート内地震がある。世界のプレートとおもな地震発生地点を**図 15.2** に示した。ほとんどの地震がプレートの境界で起きていることがわかる。

　日本列島では,**内陸型地震**と呼ばれるタイプの地震が頻繁に発生する。内陸型地震は,日本列島を含む陸のプレート内部で岩の層が壊れ,ずれることにより発生する。このタイプの

第15講　災害と環境

図15.2　世界のプレート（黒線）と地震発生地点（黒丸）
〔出典：地震発生のしくみ[2]〕

地震は，活断層により起こり，震源は地下約5〜20km程度と浅いため，被害が非常に大きくなる。

　断層活動とは，普段はたがいにしっかりかみ合い固定されている地下岩盤の割れ目に，大きい力がかかり，割れ目が再び壊れてずれる現象のことで，このときに地震が発生する（**図15.3**）。そして断層のうちで，特に数十万年前から繰り返し活動している断層を特に**活断層**という。なお，260万年前以後に活動した証拠のある断層のことを活断層という場合もある。

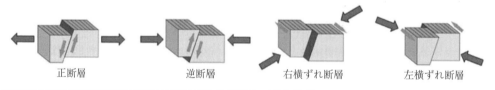

断層の種類	特　徴
正断層	傾斜した断層面に沿って上盤（断層面より上側の地盤）が，「ずり下がった」もの
逆断層	傾斜した断層面に沿って上盤（断層面より上側の地盤）が，「ずり上がった」もの
右横ずれ断層	相対的な水平方向の変異で断層線に向かって手前側に立った場合，向こう側の地塊が「右」にずれたもの
左横ずれ断層	相対的な水平方向の変異で断層線に向かって手前側に立った場合，向こう側の地塊が「左」にずれたもの

図15.3　断層運動の変位様式による活断層の基本タイプ
〔出典：活断層とは何か[3]〕

国土地理院の都市圏活断層図では，国内の活断層として2千以上が記載されている。

15.3 地震の環境への影響

〔1〕アスベスト

大地震が発生すると建物の倒壊や解体に伴って**アスベスト**が大量に飛散する。東日本大震災では，大気中のアスベスト濃度が，一部地点で，平常値と比べて高い数値が観測されている。この傾向は，1995年の阪神淡路大震災時にも観測されていた。また，解体現場付近やがれき置き場付近では，一般地域より高い値が見られた。ただし，工場敷地内の環境基準（アスベスト繊維10本/L）以内であった。

〔2〕フロン

2011年の東日本大震災では，建物が多く倒壊して，その建物の中の，フロンを含む製品が壊れて，ハロカーボン類（**フロン，代替フロン**等）が大気へ放出された。**図15.4**は，強力な温室効果作用やオゾン層破壊作用のある物質であるハロカーボン類（フロン，代替フロン等）の日本における排出量の推定値である。

図からわかるように，震災後の1年間（2011年3月～2012年2月）におけるハロカーボン類の排出量は，例年より21%から91%増加していた。一番多い成分は，HCFC-22で，

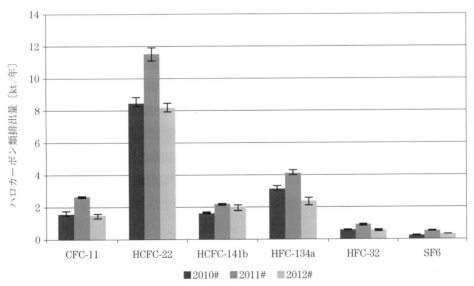

（2010#:2010.3～2011.2, 2011#:2011.3～2012.2, 2012#:2012.3～2013.2）
図15.4 ハロカーボン類（フロン，代替フロン等）の国内からの推定排出量
〔出典：国立環境研究所[4]〕

132 第15講 災害と環境

放出されたハロカーボン類の約半分であった。この HCFC-22 は，冷蔵庫がエアコンの冷媒
として使われているものもある。HCFC-22 の排出量は 2011 年に 38 ％増加していた。また，
CFC-11 は 72 ％も増加した。これは，建物等に使われた断熱材の発泡剤として使用されて
いたものである。

〔3〕 地震に伴う津波によるヒ素汚染

　ヒ素は生体に対する毒性が強く，土壌のヒ素汚染は人間の健康や食糧生産に大きな影響を
与える。東日本大震災後に，宮城県内の主要な五つの河川流域の土壌中ヒ素含有量が測定さ
れた。その結果，津波被災後，大幅にヒ素含有量の増加が確かめられた（**表15.1**）。これは，
津波により押し上げられた河口域の堆積物や沿岸の海底堆積物によりもたらされたと考えら
れる。増加後のヒ素含有量は，平均で 8.72 mg/kg であり，農用地の環境基準の 15 mg/kg
以下であったが，採取地点により，基準を超える地点も見つかっている。ヒ素含有量が多く
なった土壌では，土壌改良等の対策が必要になった。

表 15.1　宮城県内の主要な五つの河川流域の土壌中ヒ素含有量[5]

河川名	平均ヒ素含有量 (mg/kg-dw soil)		津波によるヒ素濃度の上昇 (mg/kg-dw soil)
	津波域	非津波域	
北上川	8.72	4.77	3.95
鳴瀬川	1.82	0.81	1.01
七北田川	6.82	1.84	4.98
名取川・広瀬川	5.74	2.46	3.27
阿武隈川	2.95	1.44	1.52

〔4〕 津波による農地，森林被害

　2011 年の東日本大震災では，大津波により東北地方の農地が広範囲に冠水し，塩害が発
生して，水田に大きな被害を受けた。水田の被害面積は約 23 000 ha にも達した。塩害とは，
海水中の高濃度の塩化ナトリウムによる作用である。一つは，高濃度の塩化ナトリウムが土
壌中に入ることによる浸透圧の上昇である。浸透圧が上昇すると，植物の根からの吸水作用
が妨げられる。また，土壌中のナトリウムイオン濃度が高まると，植物細胞での酵素反応が
妨げられて生理障害が起こり，さらに，粘土鉱物の分散が進んで，大切な団粒構造が破壊さ
れてしまう。

　また，林野庁の調査では，海岸林（大部分がマツ）が広い範囲で被害を受け，被害面積は
3 659 ha，そのうち 29 ％は甚大な被害を受けている。

15.4　火山噴火の頻度と火山分布

図 15.5 は，日本列島の火山分布，火山フロントおよびプレートを示したものである。ほとんどの火山が火山フロントに沿って分布している。**火山フロント**とは，火山分布の海溝側の境界線である。多くの火山は，海のプレートが陸のプレートの下に沈み込み，上部マントルが融けてマグマが形成されることにより出現する。したがって，火山は海溝にほぼ平行に分布している。活火山は，世界に約 1 500 あるが，ほとんど環太平洋地帯に分布している。そして，その約 10％が日本にあり，日本は世界的にも火山の非常に多い国である。また，**表 15.2** は，2000 年以降の世界のおもな火山噴火をまとめたもので，19 回中，5 回が日本で起きており，噴火の頻度が高いのがわかる。

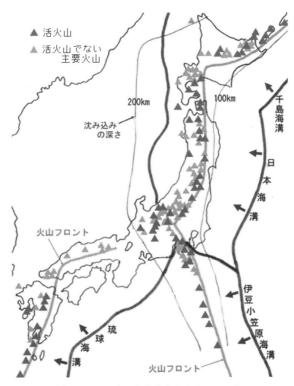

図 15.5　日本の火山分布と火山フロント
〔出典：国立研究開発法人　防災科学研究所[6)]〕

134   第15講 災害と環境

表15.2 2000年以降の世界のおもな火山噴火

発生日	火山名と国名	特　徴
2016/10/8	阿蘇山（熊本）	36年ぶりに爆発的噴火
2015/12/1	Momotombo（ニカラグア）	110年ぶりに噴火
2015/8/14	Cotopaxi（エクアドル）	140年ぶりに噴火
2015/5/29	口永良部島・新岳（鹿児島）	爆発的噴火
2015/4/22	Calbuco（チリ）	50年ぶりに噴火
2015/3/3	Villarrica（チリ）	大規模噴火
2014/2/13	Kelud（インドネシア）	大規模噴火
2013/11/20	西之島（小笠原諸島）の南東	陸地出現
2013/8/10	Rokatenda（インドネシア）	火砕流
2011/6/4	Puyehue（チリ）	51年ぶりに大噴火
2011/1/27	新燃岳（鹿児島）	52年ぶりに爆発的噴火
2010/10/28	Klyuchevskaya（カムチャッカ）	二山同時噴火
2010/10/26	Merapi（インドネシア・ジャワ）	火砕流
2010/8/30	Sinabung（インドネシア・スマトラ）	400年ぶりに噴火
2010/4/14	Eyjafjallajokull（アイスランド）	欧州の航空ストップ
2008/7/12	Okmok（アラスカ）	1805年以来の噴火
2008/5/2	Chaiten（チリ）	数世紀ぶりに大噴火
2002/1/17	Nyiragongo（コンゴ）	世界で最も危険な火山の一つ
2000/3/31	有珠山（北海道）	大噴火

15.5　火山噴火の環境影響

〔1〕　タンボラ山

　最近の200年間で，最も規模の大きい噴火といわれているのが，1815年インドネシアで発生した，タンボラ山の大噴火である。1815年4月の大噴火は，爆発音が1750km先まで聞こえ，大量の火山灰により，500km離れたマドゥラ島では3日間も暗闇が続いたといわれている。また，タンボラ山は，標高3900mから2851mになり，面積約30m²，深さ1300mの火口が新たに生まれた。噴火による噴出物は150km³にも達し，火山灰は，半径約1000kmの範囲に降下した。この巨大噴火は，地球規模の気象にも影響を与えた。この1815年の夏は世界的に異常低温が広がった。同年，アメリカ北東部では異常低温となり，雪や霜が6月まで見られた。イギリスやスカンジナビア半島では，異常低温による不作が深刻で，食糧不足による社会不安を引き起こした。さらに，翌1816年にも，北ヨーロッパ，

アメリカ北東部およびカナダ東部で夏の異常低温が広がり，夏のない年といわれた。異常低温は，空気中に放出された大量のエアロゾルが，太陽放射を抑制することが原因とされている。噴火による直接の死者は1万人，その後の飢饉，疫病によるものを加えると7〜12万人という推定もある。世界の年平均気温は，1.7℃低下した。

〔2〕 三宅島噴火

伊豆諸島の三宅島は，2000年，噴火が活発になり，世界でもまれな大量の火山ガスを噴出した。火山ガスの主要成分である二酸化硫黄（SO_2）の放出量は，2000年9月で1日当り4万トン，その後減少したが，2001年夏以降でも1日当り1万数千トンにも達している（図15.6）。日本全体で人間活動により発生するSO_2の量は1日当り3000トン弱，自然発生源として日本最大の桜島が1日当り1000〜2000トンであるので，三宅島の放出量が非常に膨大であることがわかる。

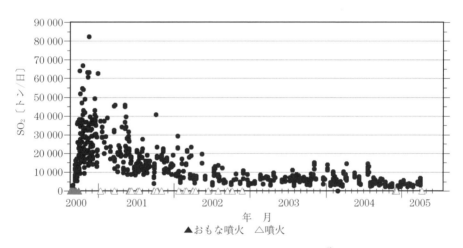

図15.6 三宅島からのSO_2放出量の変化[7]

その影響は，関東1都6県および山梨県，静岡県に及んだ。横浜市では，環境基準の1時間値0.1 ppmを大きく超える濃度のSO_2が観測され，2000年9月17日には30年ぶりに横浜市に二酸化硫黄の大気汚染注意報が発令された（図15.7）。また，東京の八王子では，1時間値0.9 ppmという非常に高い値が観測された。また，関東各地で，硫酸性の強い酸性雨も観測され，三宅島の火山ガスが大気環境に大きな影響を与えた。

136　第15講　災害と環境

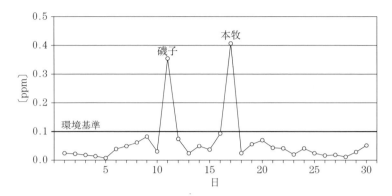

図 15.7　横浜市の SO_2 濃度測定値 [8]
（2000年9月の1時間値の市内最高値）

例題 15.1

海溝型地震と内陸型地震についての文章の誤りを正せ。

海のプレートは，陸のプレートの下に1年間に数cmから10cm程度の非常に遅い速度で沈み込んでいる。そのため，プレート先端部にひずみがたまり，300～400年程度で，ひずみの蓄積が限界になり，地震を発生させる。このような地震を海溝型地震という。阪神淡路大震災はこのタイプである。

日本列島では，内陸型地震と呼ばれるタイプの地震が頻繁に発生する。内陸型地震は，日本列島を含む陸のプレートの内部で，岩の層が壊れ，ずれることにより発生する。このタイプの地震は，活断層により起こり，震源は地下約1～5km程度と浅いため，被害が非常に大きくなる。国内には，二万以上活断層が確認されている。

【解　答】

海のプレートは，陸のプレートの下に1年間に数cmから10cm程度の非常に遅い速度で沈み込んでいる。そのため，プレート先端部にひずみがたまり，**100～200年**程度で，ひずみの蓄積が限界になり，地震を発生させる。このような地震を海溝型地震という。**東日本大震災**はこのタイプである。

日本列島では，内陸型地震と呼ばれるタイプの地震が頻繁に発生する。内陸型地震は，日本列島を含む陸のプレートの内部で，岩の層が壊れ，ずれることにより発生する。このタイプの地震は，活断層により起こり，震源は地下約**5～20km**程度と浅いため，被害が非常に大きくなる。国内には，**二千**以上活断層が確認されている。

例題 15.2

以下の説明文の（　　　）中に適切な言葉を入れよ。

15.5 火山噴火の環境影響　137

（1）　津波による農地の塩害とは，土壌中のナトリウムイオン濃度が高くなり，浸透圧の上昇や，（　　　　　　　），（　　　　　　　　　　）によって，土壌が劣化することである。

（2）　2000 年の三宅島の噴火活動では，最盛期には，1 日で約（　　　　　）トンの SO_2 が放出された。日本全体の人為的発生量が 1 日当り（　　　　　）トン弱であり，比較すると非常に大量の SO_2 が放出されたことになる。そのため，関東各地で，高濃度の SO_2 が観測され，環境基準値（　　　　　）を超える値も観測された。

【解　答】

（1）　生理障害，団粒構造の破壊　　（2）　4 万，3 000，1 時間値 0.1 ppm

例題 15.3

つぎの二つの説明文には，1 か所ずつ間違いがある。正しく書き直せ。

（1）　東日本大震災後の津波で，宮城県内の河川流域の土壌中ヒ素含有量が，大幅に増加したが，農用地の環境基準，15 mg/kg を超える地点はなかった。

（2）　震災では多くの建物が倒壊し，建物内のフロンを含む製品中のハロカーボン類が大気へ放出された。特に CFC-11 は排出量が 72 ％も増加した。CFC-11 はおもに，冷蔵庫やエアコンから大気へ排出されたと考えられる。

【解　答】

（1）　誤：農用地の環境基準，15 mg/kg を超える地点はなかった。
　　　正：農用地の環境基準，15 mg/kg を超える地点もあった。

（2）　誤：CFC-11 はおもに，冷蔵庫やエアコンから大気へ排出されたと考えられる。
　　　正：CFC-11 はおもに，建物等の断熱材から大気へ排出されたと考えられる。

問題 15.1

東日本大震災後には，大気中に汚染物質が大量に放出された。以下の用語を用いて，説明せよ。

　フロン，アスベスト，冷蔵庫，がれき置き場

演 習 問 題

【15.1】　1815 年に起こったインドネシアのタンボラ山の大噴火の影響について，以下の用語を用いて説明せよ。200 字程度でまとめよ。

　夏のない年，1.7 ℃，1 万人，イギリス，北ヨーロッパ，アメリカ北東部
　スカンジナビア半島，社会不安

引用・参考文献

（以下 URL は 2017 年 10 月現在）

第 1 講

1) D.H. メドウズ，D.L. メドウズ，J. ランダース：限界を超えて，ダイヤモンド社（1992）
2) 星 新一：ボッコちゃん，新潮社（1971）
3) 今中利信，廣瀬良樹：環境・エネルギー・健康 20 講，化学同人（2000）
4) 本浄高治：基礎分析化学，化学同人（1998）

第 2 講

1) 環境省：COOL CHOICE，https://ondankataisaku.env.go.jp/coolchoice/ondanka/
2) 気象庁：世界の年平均気温，世界の年平均気温の偏差の経年変化（1891 ～ 2016 年）
http://www.data.jma.go.jp/cpdinfo/temp/an_wld.html
3) 環境省：IPCC 第 5 次評価報告書
https://www.env.go.jp/earth/ipcc/5th/pdf/ar5_syr_spmj.pdf
4) 環境省：平成 13 年版 図で見る環境白書
http://www.env.go.jp/policy/hakusyo/zu/h13/eav010000000700.html#3_1_2_2
5) 環境省：平成 28 年版 環境・循環型社会・生物多様性白書（地球温暖化対策に係る国際的枠組みの下での取組）
http://www.env.go.jp/policy/hakusyo/h28/html/hj16020102.html#n2_1_2
6) 環境省：平成 28 年版 環境・循環型社会・生物多様性白書（新たな地球温暖化対策の枠組み）
http://www.env.go.jp/policy/hakusyo/h28/html/hj1601010101.html#n1_1_1_1_1
7) 川添禎浩 編：健康と環境の科学，講談社（2014）
8) 今中利信，廣瀬良樹：環境・エネルギー・健康 20 講，化学同人（2009）
9) 東京商工会議所：改訂 6 版 環境社会検定試験®eco 検定公式テキスト，日本能率協会マネジメントセンター（2017）

第 3 講

1) 気象庁：知識・解説，地球環境・気候，オゾン層・紫外線，基礎的な知識，オゾン層とは
http://www.data.jma.go.jp/gmd/env/ozonehp/3-10ozone.html
2) 気象庁：各種データ・資料，地球環境・気候，［地球環境情報］オゾン層・紫外線，オゾン層のデータ集，http://www.data.jma.go.jp/gmd/env/ozonehp/link_hole_areamax.html
3) http://acshu.axis.or.jp/hakai.html
4) 気象庁：知識・解説，地球環境・気候，オゾン層・紫外線，基礎的な知識，フロンによるオゾン層の破壊，http://www.data.jma.go.jp/gmd/env/ozonehp/3-25ozone_depletion.html

第 4 講

1) 環境省：酸性雨長期モニタリング報告書について http://www.env.go.jp/press/10971.html
2) 環境省：平成 28 年版 環境・循環型社会・生物多様性白書（大気環境，水環境，土壌環境等の現状），https://www.env.go.jp/policy/hakusyo/h28/html/hj16020401.html

3) 環境省：平成 28 年版　環境・循環型社会・生物多様性白書（大気環境の保全対策）
https://www.env.go.jp/policy/hakusyo/h28/html/hj16020402.html#n2_4_2
4) スウェーデン農業環境省, 第 82 委員会資料（1982）
5) 環境省：平成 28 年版　環境・循環型社会・生物多様性白書（大気環境，水環境，土壌環境等
の保全），https://www.env.go.jp/policy/hakusyo/h28/html/hj16020401.html#n2_4

第 5 講
1) 環境省：平成 28 年版　環境・循環型社会・生物多様性白書（大気環境，水環境，土壌環境等
の保全），https://www.env.go.jp/policy/hakusyo/h28/html/hj16020401.html#n2_4
2) 神奈川県公害防止推進協議会：微小粒子状物質 PM2.5 パンフレット
http://www.city.sagamihara.kanagawa.jp/dbps_data/_material_/_files/000/000/025/980/pm_panf.pdf
3) ジョイ・A. パルマー　編，須藤自由児　訳：環境の思想家たち　上（古代―近代編），みすず書房
（2004）
4) 渡部健司，木下裕太：環境文学入門 101，国連大学ウェブマガジン（2010）
https://ourworld.unu.edu/jp/how-to-read-environmental-literature-101

第 6 講
1) 国際林業協働協会：世界森林資源評価 2010，p.4（2010）
http://www.jaicaf.or.jp/fao/publication/shoseki_2010_4.pdf
2) 環境省，フォレスト　パートナーシップ・プラットフォーム：世界の森林と保全方法，世界の
森林はいま　http://www.env.go.jp/nature/shinrin/fpp/worldforest/index1.html
3) 村井　宏，岩崎勇作：林地の水および土壌保全機能に関する研究（第 1 報），林試研報，
No.274，pp.23 ～ 84（1975）
4) 林野庁：平成 26 年度　森林・林業白書
http://www.rinya.maff.go.jp/j/kikaku/hakusyo/26hakusyo_h/all/index.html
5) 気象庁：知識・解説，ヒートアイランド現象
http://www.data.jma.go.jp/cpdinfo/himr_faq/06/qa.html
6) 気象庁：観測データの長期変化からみる日本各地のヒートアイランド
http://www.data.jma.go.jp/cpdinfo/himr/2012/chapter2.pdf

第 7 講
1) 三宅泰雄：空気の発見，角川学芸出版（1962）
2) NHK 取材班：東海村臨界事故，岩波書店（2002）
3) 庄野利之，脇田久伸：新版　入門機器分析化学，三共出版（2015）

第 8 講
1) 鈴木孝弘：新しい環境科学，昭晃堂（2006）

第 9 講
1) J. アンドリューズ，P. ブリンブルコム，T. ジッケルズ，P. リス：地球環境化学入門，シュプリ
ンガー・フェアラーク東京（1997）
2) 庄野利之：新版　分析化学演習，三共出版（2010）
3) A. Kuno, M. Matsuo, S. Chiba and Y. Yamagata: Seasonal variation of iron speciation in a pearl-

raising bay sediment by Mössbauer spectroscopy, J. Nucl. Radiochem. Sci., 9, 1, pp.13-18 (2008)

第 10 講
1）　M. ブラック，J. キング：水の世界地図　第 2 版，丸善出版（2010）

第 11 講
1）　環境省：平成 28 年版　環境・循環型社会・生物多様性白書（大気環境，水環境，土壌環境等の保全），https://www.env.go.jp/policy/hakusyo/h28/html/hj16020401.html
2）　環境省　水・大気環境局：平成 27 年度　農用地土壌汚染防止法の施行状況
　　http://www.env.go.jp/press/files/jp/104256.pdf
3）　環境省　水・大気環境局：平成 27 年度　地下水質測定結果，p.11（2016）
　　http://www.env.go.jp/water/report/h28-03/h28-03_full.pdf
4）　株式会社ジオリゾーム：土壌汚染とは？，土壌汚染・土壌汚染対策法とは？
　　http://www.georhizome.co.jp/what.html

第 12 講
1）　環境省：日本人におけるダイオキシン類の蓄積量について
　　http://www.env.go.jp/chemi/dioxin/guide/tef/about.pdf
2）　環境省：ダイオキシン類による大気の汚染，水質の汚濁（水底の底質の汚染を含む。）及び土壌の汚染に係る環境基準，http://www.env.go.jp/kijun/dioxin.html
3）　川添禎浩 編：健康と環境の科学，講談社（2014）
4）　今中利信，廣瀬良樹：環境・エネルギー・健康　20 講，化学同人（2009）
5）　内閣府　食品安全委員会：食品の安全性に関する用語集（第 4 版），（2008）
　　https://www.fsc.go.jp/yougoshu.html

第 13 講
1）　片野由美，内田勝雄：新訂版 図解ワンポイント生理学，サイオ出版（2015）
2）　川添禎浩 編：健康と環境の科学，講談社（2014）
3）　今中利信，廣瀬良樹：環境・エネルギー・健康　20 講，化学同人（2009）
4）　環境省：保健・化学物質対策，科学的知見の充実及び環境リスクの評価の推進
　　http://www.env.go.jp/chemi/risk_assessment.html

第 14 講
1）　環境省：環境基本計画，https://www.env.go.jp/policy/kihon_keikaku/index.html
2）　環境省，環境影響評価情報支援ネットワーク：環境アセスメント制度のあらまし（パンフレット）
　　http://www.env.go.jp/policy/assess/1-3outline/index.html
3）　経済産業省：化学物質管理
　　http://www.meti.go.jp/policy/chemical_management/index.html
4）　環境省，PRTR インフォメーション，http://www.env.go.jp/chemi/prtr/risk0.html
5）　経済産業省：欧州の新たな化学品規制（REACH 規制）に関する解説書
　　http://www.meti.go.jp/policy/chemical_management/int/files/reach/080526reach_kaisetusyo.pdf
6）　環境省：総合環境政策　ISO14001
　　http://www.env.go.jp/policy/j-hiroba/04-iso14001.html

7) 環境省：総合環境政策　エコアクション 21
http://www.env.go.jp/policy/j-hiroba/04-5.html
8) 川添禎浩 編：健康と環境の科学，講談社（2014）
9) 東京商工会議所：改訂 6 版　環境社会検定試験®eco 検定公式テキスト，日本能率協会マネジ
メントセンター（2017）

第 15 講

1) 気象庁：各種データ・資料，地震の活動状況
http://www.data.jma.go.jp/svd/eqev/data/kyoshin/kaisetsu/index.htm
2) 気象庁：知識・解説，地震発生のしくみ
http://www.data.jma.go.jp/svd/eqev/data/jishin/about_eq.html
3) 国土地理院：地図・空中写真，主題図（地理調査），活断層とは何か
http://www.gsi.go.jp/bousaichiri/explanation.html
4) T. Saito, X. Fang, A. Stohl, Y. Yokouchi, J. Zeng, Y. Fukuyama, and H. Mukai：Extraordinary
halocarbon emissions initiated by the 2011 Tohoku earthquake, Geophys. Res. Lett., 42, doi:
10.1002/2014gl062814. (2015), http://www.cger.nies.go.jp/cgernews/201504/293002.html
5) 簡 梅芳，宮内啓介，井上千弘，北島信行，遠藤銀朗：宮城県主要河川洪積平野部の土壌ヒ素
濃度と東北地方太平洋沖地震津波の影響，土木学会論文集 G（環境），69，1，pp.19-24（2013）
6) 国立研究開発法人　防災科学研究所，防災基礎講座　災害の危険性をどう評価するか
http://dil.bosai.go.jp/workshop/03kouza_yosoku/s02yuuin/f12kazan.htm
7) 産業技術総合研究所：地盤地質総合センター，三宅島火山のページ
https://staff.aist.go.jp/a.tomiya/miyake.html
8) 横浜市，環境創造局：環境の保全，環境監視センター，三宅島の噴煙による二酸化硫黄濃度
http://www.city.yokohama.lg.jp/kankyo/mamoru/kanshi/so2info/so2grf.html

演習問題解答

【1.1】

式 (1.3) を解いて，式 (1.4) を導く。

$$\frac{dN}{dt} = N(1-N)$$

$$\frac{dN}{N(1-N)} = dt$$

$$\left(\frac{1}{N} + \frac{1}{1-N}\right)dN = dt$$

$$\int\left(\frac{1}{N} + \frac{1}{1-N}\right)dN = \int dt$$

$$\ln N - \ln(1-N) = t + C$$

$$\ln\frac{N}{1-N} = t + C$$

$$\frac{N}{1-N} = e^{t+C}$$

$$\frac{1-N}{N} = e^{-t-C} = A\,e^{-t}$$

$$\frac{1}{N} = 1 + A\,e^{-t}$$

$$N = \frac{1}{1 + A\,e^{-t}}$$

【2.1】

（1）① （ウ）：1985 年にオーストラリアで行われた会議をフィラハ会議といい，1988 年に開催された会議はカナダで行われ，トロント会議と呼ばれている。

② （ケ），③ （カ）

（2）（ウ）：二酸化窒素は温室効果ガスには指定されていない。

（3）京都メカニズム：京都議定書において，温室効果ガス削減に向けて，京都メカニズムという三つの取組み方法を定めたが，アメリカや中国，インドなどの大量の排出国は参加していない。

【3.1】

（1）

ⓐ （ウ）南極：極域の冬季は太陽光がほとんどないため，成層圏はきわめて低温になり，極渦と呼ばれる低温の渦が発達する。特に南極の極渦は，海陸分布の違いから，北極と比べて非常に安定である。この極渦の中では極端に低温になるため，特殊な雲（極域成層圏雲）が発生する。そして，この雲の粒子の表面で非常に活発なオゾン分解反応が起こり，オゾン層の減少が起こるといわれている。

ⓑ （キ）モントリオール：ウィーン条約に基づいて，具体的な規制スケジュールがカナダのモントリオールで決められた（モントリオール議定書）。

（2）（イ）ぜんそく：強い紫外線を長期間受けると，人体には，白内障，皮膚がん，免疫力の低下などの影響を与えることが知られている。

ぜんそくは，大気汚染物質である，硫黄酸化物（SOx），窒素酸化物（NOx），浮遊粒子状物質（SPM）等が原因とされる。

（3）エレクトロニクス部品の洗浄溶媒，エアコンの冷媒：フロンは非常に安定な化合物で，無味無臭，無毒，不燃性である。また，腐食性がなく油脂類をよく溶かすため，エレクトロニクス部品の洗浄溶媒，エアコンの冷媒，スプレーの噴射剤等に幅広く利用されてきた。

【4.1】

（例）：酸性雨は，世界的環境汚染問題になっている。酸性雨の原因は，化石燃料の燃焼により発生する二酸化硫黄や窒素酸化物である。二酸化硫黄は大気中で硫酸になり，窒素酸化物も同様に硝酸に変わり，降水中に取り込まれて降水を酸性化させる。酸性雨は，生態系に悪影響を与える。例えば湖沼，河川の酸性化を招き，魚類に深刻な影響を与える。また，森林土壌を酸性化させている。

【4.2】

（1）（ア）硫酸，（イ）酸素，（ウ）NO，（エ）NO$_2$，（オ）硝酸

（2）大気中に存在する CO$_2$ が溶け込み，薄い炭酸水となるため，自然状態においても pH は 5.6 となる。したがって pH5.6 以下のものを酸性雨とする。

（3）土壌の緩衝能

【5.1】

PM2.5 の健康影響に関する研究としては，（　**ハーバード6都市**　）研究がよく知られている。アメリカ東部 6 都市で無作為に選ばれた 25 ～ 74 才の白人 8 111 人を対象に 1974 年以降（　**14 ～ 16**　）年間追跡した研究である。総死亡，心肺疾患，肺がん，心肺・肺がん以外の死亡と PM2.5 の長期曝露との関連が調査された。その結果，PM2.5 濃度と（　**総死亡**　），呼吸器疾患死亡，心肺疾患死亡との間に明確な関連が認められたのである。この結果は世界中に強い印象を与えた。また，（　**全米がん協会（ACS）**　）研究では，アメリカの都市に居住する成人を対象とし，1982 年に開始した研究である。（　**50**　）都市の 295 223 人の死亡と PM2.5 の関連について調査された。1989 年までの 7 年間の研究により，PM2.5 濃度と総死亡，心肺疾患死亡に関連が認められた。

【6.1】

（例）：国際的な森林認証制度には，ヨーロッパ 11 か国の認証組織により発足した PEFC と，世界自然保護基金（WWF）を中心に発足した森林管理協議会（FSC）の二つがある。PEFC の認証面積は世界最大で，世界 36 か国の森林認証制度と相互承認を行っている。日本にも独自の森林認証制度があり，一般社団法人緑の循環認証会議（SGEC，エスジェック）が認証している。また PEFC との相互承認を行っている。しかし，日本での認証面積はまだ少ない。

【7.1】

$$A（放射能）=\lambda（壊変定数）\times N（原子数）$$

1 g の ^{226}Ra 中の原子数は

144

$$N = \frac{1 \times 6.02 \times 10^{23}}{226} = 2.66 \times 10^{21}$$

λ は式 (7.4) より

$$\lambda = \frac{\ln 2}{T_{1/2}} = \frac{0.693}{1\,600 \times 365 \times 24 \times 60 \times 60} = 1.37 \times 10^{-11}\ (\mathrm{s}^{-1})$$

したがって，放射能は

$$A = \lambda N = 3.7 \times 10^{10}\ \mathrm{Bq}$$

【8.1】

$$L_{\mathrm{Aeq},T} = 10 \log\left(\frac{1 \times 9 \times 10^{9.2}}{3\,600}\right) = 92 - 10 \log 400 = 72 - 10 \log 4 = 72 - 20 \log 2 = 66\ \mathrm{dB}$$

【9.1】

（1） $\mathrm{MnO_4^- + 8H^+ + 5e^- \rightarrow Mn^{2+} + 4H_2O}$

（2） $\mathrm{C_2O_4^{2-} \rightarrow 2CO_2 + 2e^-}$

（3） $\mathrm{2MnO_4^- + 5\,C_2O_4^{2-} + 16H^+ \rightarrow 2Mn^{2+} + 10CO_2 + 8H_2O}$

（4） $\mathrm{O_2 + 2H_2O + 4e^- \rightarrow 4OH^-}$

（5） $5.00 \times 10^{-3} \times 3.22 \times 10^{-3} = 1.61 \times 10^{-5}\ \mathrm{mol}$

（6） （3）から $\mathrm{KMnO_4}$ と $\mathrm{Na_2C_2O_4}$ は 2：5 で反応する。

$$5 \times 5.00 \times 10^{-3} \times 10.0 \times 10^{-3} = 2 \times 1.25 \times 10^{-2} \times 10.0 \times 10^{-3}$$

より，最初に加えた $\mathrm{KMnO_4}$ と $\mathrm{Na_2C_2O_4}$ はちょうど打ち消しあう。したがって，最後に滴定で消費された $\mathrm{KMnO_4}$ の物質量が COD に対応する。（1）と（4）を見比べて，1 mol の $\mathrm{KMnO_4}$ は 5/4 mol の $\mathrm{O_2}$ に相当することがわかる。$\mathrm{O_2}$ の分子量は $16.0 \times 2 = 32.0$ なので，試料中の有機物を酸化するために必要な $\mathrm{O_2}$ の質量は

$$1.61 \times 10^{-5} \times 32.0 \times 5/4 = 6.44 \times 10^{-4}\ \mathrm{g}$$

試料が 100 mL であり，COD の単位は〔mg/L〕であるので

$$6.44 \times 10^{-4} \times 10^3 / 0.100 = 6.44\ \mathrm{mg/L}$$

【10.1】

（1） 完全に代謝したときの化学反応式は

$$\mathrm{C_6H_{12}O_6 + 6O_2 \rightarrow 6CO_2 + 6H_2O}$$

$\mathrm{C_6H_{12}O_6}$ の分子量が 180，$\mathrm{H_2O}$ の分子量が 18 なので，100 g のブドウ糖を完全に代謝したときに生成する代謝水は

$$\frac{100}{180} \times 6 \times 18 = 60\ \mathrm{g}$$

（2）Ca による硬度が

$$80 \times \frac{\mathrm{CaCO_3}}{\mathrm{Ca}} = 80 \times \frac{100.1}{40.1} = 200\ \mathrm{mg/L}$$

Mg による硬度が

$$26 \times \frac{\mathrm{CaCO_3}}{\mathrm{Mg}} = 26 \times \frac{100.1}{24.3} = 107\ \mathrm{mg/L}$$

したがって，硬度は，$200 + 107 = 307\ \mathrm{mg/L}$ となる。

【10.2】

$$\frac{2 \times 10 + 20 \times 1}{10 + 1} = 3.6\ \mathrm{mg/L}$$

【11.1】

　酸性の強い土壌は，植物にとって不適切で，以下のような不具合を起こす。一つは，植物にとって有害なアルミニウムイオンが溶け出し，**リン酸**の吸収を阻害するといわれている。二つ目は，土壌微生物の活性が著しく低下することである。そのため**窒素**の吸収が阻害される。三つ目は，重要な養分であるカルシウムや**マグネシウム**などが少なくなることである。四つ目は，大切な団粒構造が壊れやすくなることである。

【12.1】

① （オ），② （イ），③ （エ），④ （ウ），⑤ （ア）

【13.1】

① ×：ホルモンの種類は 100 種以上存在する。

② ○

③ ×：環境ホルモン戦略計画 SPEED'98 を策定したのは環境省である。

④ ○

⑤ ×：内分泌撹乱物質の人への影響は，生殖内分泌系だけでなく，免疫系や脳を含む神経伝達系への影響も確認されている。

【14.1】

① （キ），② （ア），③ （ウ），④ （オ），⑤ （ク），⑥ （エ），⑦ （ケ），⑧ （イ），⑨ （コ），⑩ （カ）

【15.1】

（例）：この巨大噴火は地球規模の気象にも影響を与えた。1815 年の夏は，イギリスやスカンディナビア半島で，異常低温による不作が深刻になり，食糧不足による社会不安を引き起こした。さらに、翌 1816 年には，北ヨーロッパ、アメリカ北東部およびカナダ東部で，夏の異常低温が広がり，夏のない年といわれた。世界の年平均気温は，1.7℃低下した。

索　引

【あ】

亜急性毒性	95
アスベスト	131
亜ヒ酸	98
アフラトキシン類	104
アメリカ環境保護庁	115
アルキルフェノール類	113
アルドリン	87
安定核種	58
アンドロゲン	112

【い】

イタイイタイ病	87, 90, 95
一酸化二窒素	7
一般環境大気測定局（一般局）	32
医薬品類	111
飲料水安全法	115

【う】

ウェルシュ菌	106
奪われし未来	109

【え】

エコアクション 21	124
エストロゲン	112
塩化第二水銀	97

【お】

欧州委員会	115
黄色ブドウ球菌	106
屋上緑化	52
オゾン（O$_3$）	17, 36
オゾン層	17
オゾンホール	17
温室効果	7
温室効果ガス	7

【か】

海溝型地震	129
化学的酸素要求量	74
化学物質対策	121
化管法	122
閣議アセス	119
核　種	57
火山フロント	133

化審法	100, 121
活断層	130
カネミ油症	95
環境アセスメント	119
環境活動レポート	124
環境監査	123
環境管理	122
環境基本計画	119
環境基本法	118
環境コミュニケーション	124
環境対策	118
環境ホルモン戦略計画	
SPEED'98	110
環境マネジメント	122
環境マネジメントシステム	
	122, 123
カンピロバクター	106

【き】

気候変動に関する	
政府間パネル	9
吸収線量	59
急性毒性	95
共同実施	12
京都議定書	12
京都メカニズム	12

【く】

クリーン開発メカニズム	12
クロロフルオロカーボン	18

【け】

経済協力開発機構	114
原子状炭素	40

【こ】

公害対策基本法	118
光化学オキシダント	36
光化学オキシダント注意報	37
合成エストロゲン	113
硬　度	80
国際化学物質安全計画	114
国際労働機関	114
国連環境計画	114
国連気候変動枠組条約	12

【さ】

催奇形性	95, 96
殺生物製品規則	115
サーマル NOx	33
サルモネラ菌	106
三価クロム	98
産業革命	1
酸性雨	25
酸性雪	25
酸性霧	25
三フッ化窒素	7

【し】

ジエチルスチルベストロール	113
自然環境保全法	118
自然毒	104
実効線量	60
自動車排出ガス測定局	
（自排局）	32
重金属類	111
照射線量	59
食品衛生法	98
食品品質保護法	115
植物エストロゲン類	111
植物保護製品規則	115
神経毒性	96
親銅元素	71
森林管理協議会	49
森林減少	46

【せ】

生殖毒性	95, 96
生物化学的酸素要求量	74
生物圏保存地域	52
生物多様性	47
世界自然遺産	52
世界文化遺産	52
世界保健機構	114
セレウス菌	106
戦略的環境アセスメント	119

【そ】

ソフィア議定書	31

索　　　　引　　147

【た】

第1種事業	120
ダイオキシン法	103
ダイオキシン類	95, 102
第5次評価報告書	9
代替フロン	18, 21, 131
体内動態	94
第2種事業	120
第二水俣病	95
太陽定数	3
団　粒	85
団粒構造	85

【ち】

地球温暖化	7
──のメカニズム	8
地球サミット	118
地球平均気温の変化	8
中枢神経障害	97
腸炎ビブリオ菌	106
腸管出血性大腸菌 O157	106
沈黙の春	109

【て】

デオキシリボ核酸	60
テストステロン	113

【と】

同位体	57
等価線量	59
特殊毒性	95
毒性等価係数	103
特定フロン	21
ドノラ事件	31
ドブソン単位	22
トリクロロエタン	90
トリクロロエチレン	88, 90, 91
トリコテセン類	104
ドリン剤	100
トロント会議	12

【な】

内分泌撹乱物質	109
内分泌撹乱物質 スクリーニングプログラム	115
内陸型地震	129

【に】

二国間クレジット	14
二酸化炭素	7

【の】

農　薬	111
農薬残留基準	101
農薬取締法	98
ノロウイルス	106

【は】

排出量取引	12
ハイドロクロロフルオロ　カーボン	18, 21
ハイドロフルオロカーボン	18, 21
発がん性	95, 102
ハーバード6都市研究	40
パラチオン	87, 90, 99
パリ協定	12
ハロカーボン類	7
半数致死量	96
半導体検出器	62

【ひ】

微小粒子状物質	40, 41
ビスフェノール A	113
ヒートアイランド現象	52
病原性大腸菌	106
ビンクロゾリン	113

【ふ】

フィラハ会議	12
フェニトロチオン	99
フェノキシ酢酸誘導体	101
腐　植	85
浮遊物質量	74
浮遊粒子状物質	39, 41
フューエル NOx	33
ブラックカーボン	40
フロン	18, 131

【へ】

壁面緑化	52
ヘプタクロル	101
ヘルシンキ議定書	31
変異原性	95

ペンタクロロフェノール	101

【ほ】

芳香族化合物類	111
放射性核種	58
放射性同位体	56
ポストハーベスト農薬	101
ポップス	121
ボツリヌス菌	106
ホルモン	111
ホルモン類	111

【ま】

マイコトキシン	104
マラチオン	99
慢性毒性	95

【み】

水俣病	95
ミューズ事件	31

【め】

メタン	7
メチル水銀	97
免疫毒性	95

【も】

モントリオール議定書	21

【ゆ】

有害有毒物質	95
有機ハロゲン系化合物類	111
ユネスコエコパーク	52

【よ】

溶存酸素量	73
四日市ぜん息	31, 95
四大公害裁判	95

【り】

リンデン	100

【ろ】

六フッ化硫黄	7
六価クロム	98
ロンドン事件	31

148　索　　　　　引

【A】

ADME	94

【B】

BCSC	123
BHC	87, 99, 100

【C】

CAS	121
CAS REGISTRY	121
CDM	12
CFC	18, 21
COP21	12

【D】

DDT	87, 99, 100

【E】

EANET	31
EC	115
ET	12
ExTEND2005	110
EXTEND2010	111

【F】

FSC	49

【H】

HCFC	18, 21
HFC	18, 21

【I】

ICC	123
INDC	13
IPCC	9, 47
ISO	123
ISO 規格	123

【J】

JCM	14
JI	12

【L】

LD_{50}	95

【O】

OECD	114

【P】

PA	21
PCB	90, 91, 95
PEFC	49
PM2.5	40, 41
POPs	121

【R】

PRTR 制度	122
REACH	115
REACH 規則	122

【S】

SDS 制度	122
SGEC	49
SPF	21
SPM	39, 41

【T】

TDI	102
TEQ	102

【U】

UNEP	20
USEPA	115

【V】

VOC	36

【W】

WWF	49

【数字】

2, 3, 7, 8-TCDD	102

―― 著者略歴 ――

伊藤　和男（いとう　かずお）
1984 年　東京工業大学大学院 理工学研究科 博士課程修了，理学博士
現　在　大阪府立大学工業高等専門学校名誉教授
専　門　無機環境科学，土壌化学，無機化学

久野　章仁（くの　あきひと）
1999 年　東京大学大学院 総合文化研究科 博士課程中途退学
2000 年　博士（学術）（東京大学）
現　在　大阪府立大学工業高等専門学校准教授
専　門　無機環境科学，分析化学，地球化学

小出　宏樹（こいで　ひろしげ）
2000 年　大阪府立大学大学院 理学系研究科 博士課程修了，博士（理学）
現　在　ビック株式会社代表取締役，大阪工業大学非常勤講師，大阪府立大学工業高等専門学校非常勤講師
専　門　有機化学，有機環境化学，有機金属化学

例題で学ぶ環境科学 15 講
15 Lectures on Environmental Science Learned by Examples
　　　　　　　　　　　　Ⓒ Kazuo Ito, Akihito Kuno, Hiroshige Koide 2017

2017 年 12 月 28 日　初版第 1 刷発行　　　　　　　　　　　　　　　★
2020 年 2 月 25 日　初版第 2 刷発行

検印省略	著　者	伊　藤　和　男
		久　野　章　仁
		小　出　宏　樹
	発行者	株式会社　コ ロ ナ 社
		代表者　牛来真也
	印刷所	壮光舎印刷株式会社
	製本所	株式会社　グ リ ー ン

112-0011　東京都文京区千石 4-46-10
発　行　所　株式会社　コ ロ ナ 社
CORONA PUBLISHING CO., LTD.
Tokyo Japan
振替00140-8-14844・電話(03)3941-3131(代)
ホームページ　https://www.coronasha.co.jp

ISBN 978-4-339-06642-5　C3040　Printed in Japan　　　　　（森岡）

〈出版者著作権管理機構 委託出版物〉
本書の無断複製は著作権法上での例外を除き禁じられています。複製される場合は，そのつど事前に，出版者著作権管理機構（電話 03-5244-5088，FAX 03-5244-5089，e-mail: info@jcopy.or.jp）の許諾を得てください。

本書のコピー，スキャン，デジタル化等の無断複製・転載は著作権法上での例外を除き禁じられています。
購入者以外の第三者による本書の電子データ化及び電子書籍化は，いかなる場合も認めていません。
落丁・乱丁はお取替えいたします。

エコトピア科学シリーズ

■名古屋大学未来材料・システム研究所 編（各巻A5判）

			頁	本体
1. エコトピア科学概論 ― 持続可能な環境調和型社会実現のために ―	田原 譲他著		208	2800円
2. 環境調和型社会のためのナノ材料科学	余語利信他著		186	2600円
3. 環境調和型社会のためのエネルギー科学	長崎正雅他著		238	3500円

シリーズ　21世紀のエネルギー

■日本エネルギー学会編　　　　　　　　　　　（各巻A5判）

			頁	本体
1. 21世紀が危ない ― 環境問題とエネルギー ―	小島紀徳著		144	1700円
2. エネルギーと国の役割 ― 地球温暖化時代の税制を考える ―	十市市・小川 佐川 共著		154	1700円
3. 風と太陽と海 ― さわやかな自然エネルギー ―	牛山 泉他著		158	1900円
4. 物質文明を超えて ― 資源・環境革命の21世紀 ―	佐伯康治著		168	2000円
5. Cの科学と技術 ― 炭素材料の不思議 ―	白石・大谷 京谷・山田 共著		148	1700円
6. ごみゼロ社会は実現できるか	行本・西 立田 共著		142	1700円
7. 太陽の恵みバイオマス ― CO_2を出さないこれからのエネルギー ―	松村幸彦著		156	1800円
8. 石油資源の行方 ― 石油資源はあとどれくらいあるのか ―	JOGMEC調査部編		188	2300円
9. 原子力の過去・現在・未来 ― 原子力の復権はあるか ―	山地憲治著		170	2000円
10. 太陽熱発電・燃料化技術 ― 太陽熱から電力・燃料をつくる ―	吉田・児玉 郷右近 共著		174	2200円
11. 「エネルギー学」への招待 ― 持続可能な発展に向けて ―	内山洋司編著		176	2200円
12. 21世紀の太陽光発電 ― テラワット・チャレンジ ―	荒川裕則著		200	2500円
13. 森林バイオマスの恵み ― 日本の森林の現状と再生 ―	松村・吉岡 山崎 共著		174	2200円
14. 大容量キャパシタ ― 電気を無駄なくためて賢く使う ―	直井・堀 編著		188	2500円
15. エネルギーフローアプローチで見直す省エネ ― エネルギーと賢く，仲良く，上手に付き合う ―	駒井啓一著		174	2400円

以下続刊

新しいバイオ固形燃料　　井田民男著
― バイオコークス ―

定価は本体価格+税です。
定価は変更されることがありますのでご了承下さい。

図書目録進呈◆